스마트 세상을 여는

# 산업
# 공학

시즌 2

## 저자 소개

| | | | |
|---|---|---|---|
| 강석호 | 성균관대학교 교수 | 유재홍 | 인천대학교 교수 |
| 강용신 | 차세대융합기술연구원 센터장 | 이덕주 | 서울대학교 교수 |
| 강필성 | 서울대학교 교수 | 이동호 | 한양대학교 교수 |
| 김광재 | POSTECH 교수 | 이종석 | KAIST 교수 |
| 김병인 | POSTECH 교수 | 이희상 | 성균관대학교 교수 |
| 김성범 | 고려대학교 교수 | 임치현 | UNIST 교수 |
| 김우창 | KAIST 교수 | 정봉주 | 연세대학교 교수 |
| 김장호 | 고려대학교 교수 | 정재윤 | 경희대학교 교수 |
| 노상도 | 성균관대학교 교수 | 최인찬 | 고려대학교 교수 |
| 박희석 | 홍익대학교 교수 | | |

스마트 세상을 여는

산업공학 시즌 2

**초판 발행** 2016년 11월 10일 | **2판 발행** 2024년 10월 24일

**지은이** 대한산업공학회
**펴낸이** 류원식
**펴낸곳** 교문사

**편집팀장** 성혜진 | **책임진행** 윤지희 | **디자인** 신나리 | **본문편집** 우은영

**주소** 10881, 경기도 파주시 문발로 116
**대표전화** 031-955-6111 | **팩스** 031-955-0955
**홈페이지** www.gyomoon.com | **이메일** genie@gyomoon.com
**등록번호** 1968.10.28. 제406-2006-000035호

**ISBN** 978-89-363-2590-9 (03500)
**정가** 20,000원

스마트 세상을 여는

# 산업
# 공학

시즌 2

**대한산업공학회** 지음

교문사

산업공학의 새로운 장을 여는 책,《스마트 세상을 여는 산업공학》의 출간을 매우 기쁘게 생각합니다. 이 책은 산업공학이 걸어온 발전의 역사와, 현재 그리고 미래 산업이 요구하는 가치를 어떻게 창출할 수 있는지를 대중이 쉽게 이해할 수 있도록 구성되었습니다.

산업공학은 제조업을 중심으로 시작했지만, 이제는 서비스 산업과 공공 부문 등 다양한 분야로 확장되었습니다. 이는 복잡한 산업 문제를 해결하고, 효율성을 높이며, 고객 가치를 극대화하기 위한 노력의 결과입니다. 특히 최근에는 빅데이터, AI, 자동화 등 4차 산업혁명 기술을 활용해 산업 시스템을 최적화하고, 디지털 전환 시대의 새로운 가치 창출을 선도하고 있습니다.

이 책은 경영과학, 빅데이터, 산업인공지능, 스마트 제조 등 현대 산업에서 중요한 주제들을 다루고 있습니다. 이를 통해 독자들은 산업공학의 기본 개념부터 최신 동향까지 폭넓은 지식을 얻을 수 있을 것입니다. 또한, 다양한 사례를 통해 산업공학이 실제 산업 현장에서 어떻게 적용되고 있는지도 생생하게 접할 수 있을 것입니다.

대한산업공학회는 이번 출간을 계기로 산업공학이 일반 대중에게 더 친숙해지고, 더 많은 사람들이 이 분야에 관심을 갖게 되기를 기대합니다. 이 책이 독자 여러분에게 유익한 정보와 통찰을 제공하길 바랍니다.

끝으로, 이 책의 출간을 위해 수고해 주신 모든 저자와 관계자 여러분께 깊은 감사의 인사를 드립니다. 대한산업공학회는 앞으로도 산업공학의 발전과 대중화를 위해 지속적으로 노력할 것입니다. 여러분의 많은 관심과 성원을 부탁드립니다.

2024년 10월
대한산업공학회장 김광재

 이 책은 쉽고 재미있는 이야기를 통해 독자 여러분을 산업공학(IE, Industrial Engineering)이라는 매혹적인 세계로 안내하기 위해 쓰여졌습니다.

 산업공학은 사회과학, 자연과학, 공학적 원리를 결합해 최적의 프로세스와 시스템을 설계하고 운영함으로써 산업 현장의 활동을 '더 잘할 수 있도록' 지원하는 학문입니다. 특히 4차 산업혁명 시대, 즉 우리 사회의 데이터에 기반한 디지털 전환 과정에서 핵심적인 역할을 담당하고 있습니다. 그러나 산업공학은 대표적인 응용과학기술 분야로서 우리 사회와 산업 발전에 크게 이바지해 왔음에도 불구하고, 비교적 역사가 짧고 '산업'이 담는 의미도 광범위하고 모호한 측면이 있어 일반 대중에게 제대로 전달되지 못하고 있는 듯합니다. 이러한 문제점으로 인해 우수한 예비 대학 입학자들이 산업공학 분야 지원을 망설이게 되는 것은 아닌지 우려스럽습니다.

 우리나라 산업공학 분야를 대표하는 '대한산업공학회'는 산업공학의 대중화를 위해 노력해 왔습니다. 고등학생이나 일반인들에게 산업공학을 쉽게 알리기 위해, 대중서로 2010년 《공학의 마에스트로, 산업공학》을 처음 출간한 이래, 2016년 《스마트 세상을 여는 산업공학》, 2018년 《4차 산업혁명의 미래를 설계

한다》를 잇달아 펴냈습니다. 이러한 지속적인 노력의 일환으로, 급변하는 시대 변화와 새로운 산업 패러다임과 기술을 담아 《스마트 세상을 여는 산업공학 시즌 2》를 학회 50주년을 맞는 올해 출간하게 되었습니다.

《스마트 세상을 여는 산업공학 시즌 2》는 '산업공학 대중화'의 필요성에 공감해 주신 학회 회원 여러분의 열정과 노력으로 이루어진 '집단지성' 활동의 결과물입니다. 산업공학의 대표 분야 14개를 선정하고, 각 분야를 대표하는 총 19분의 전문가가 집필에 참여하여 산업공학에 대한 소중한 지식과 경험을 '쉽고 재밌게 읽힐 수 있는 이야기'로 풀어내 주셨습니다. 아울러 이 책은 기존 《스마트 세상을 여는 산업공학》을 발전적으로 이어 나가자는 취지로 준비되었습니다. 이에 새로운 집필진을 보강하여 각 주제의 내용을 업데이트하고, '산업인공지능' 주제를 추가하는 등 그동안의 사회와 산업 변화를 잘 담을 수 있도록 노력하였습니다. 또한 산업공학에 관심 있는 중고등학교 학생들에게 참고가 되도록 대학의 관련 학과 소개를 담은 부록을 포함하였습니다.

집필을 맡아주신 저자분들 이외에도 많은 분들의 노력과 도움이 없었으면 이 책은 세상에 나오지 못했을 것입니다. 책의 출판을 위해 격려와 지원을 아끼지 않으신 대한산업공학회 김광재 회장님과 정효경 사무국장님, 그리고 부족한 원고를 읽기 쉽고 멋진 책으로 만들어주신 교문사 담당자분들께 집필에 참여한 저자들을 대표하여 깊이 감사드립니다.

2024년 10월
편집위원장 노상도

## CHAPTER 14    품질공학
### 고객의 만족을 넘어 감동을 추구하는 학문

● **유재홍** | 인천대학교 산업경영공학과 교수
● **김성범** | 고려대학교 산업경영공학부 교수

## 부록

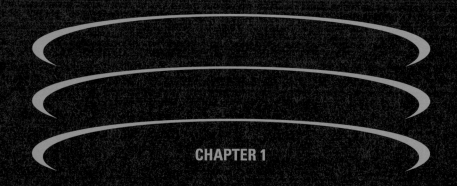

## CHAPTER 1

# 경영과학
## 합리적 의사결정을 향한 항로

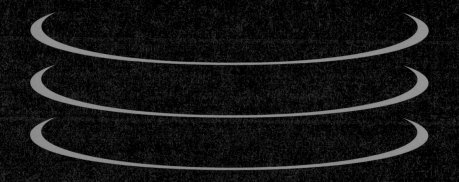

**최인찬**
고려대학교 산업경영공학부 교수

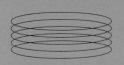

경영과학은
경제, 사회, 산업 분야를 대상으로
수학과 통계학을 사용하여
현실 의사결정 문제를 모형화하고 분석합니다.

더불어 환경, 에너지, 생태를 포함한 자연 시스템도 분석 대상으로 합니다. 경영과학 모형은 분석
대상 시스템을 효율적이고 효과적으로 운용하기 위한 방안을 찾는 데 사용됩니다.
경영과학은 시스템 본질에 대해 구조적 분석을 다루는 연구 분야로서 산업공학의 학문적, 이론적
기초이며 동시에 산업공학이 새로운 융합 응용영역으로 확장해 나가는 데 핵심 원동력입니다.

포켓몬 GO 사냥, 휴대폰 회로기판 제작, 모나리자 원본 모사, 단백질 군집화. 경영과학 관점에서 이들의 공통점은 무엇일까요? 앱에서 지하철 출발역과 도착역을 잇는 최단경로 검색, 고가장비의 효율적 교체 일정 결정, 미래 투자가치를 가장 크게 하는 투자대안의 선택. 이들의 공통점은? 아마도 여러분은 (연관관계가 모호한 주제를 대상으로 숨겨진 의미를 찾는) 빅데이터 분석을 생각할 수 있습니다. 이 질문들은 잠시 후에 다루기로 하고, 그보다 먼저 이 전공 소개서를 읽고 있는 여러분에게 당면한 현실 고민거리는 무엇일까요?

아마도…

어떻게 하면 성적을 올릴 수 있을까?

대학은 가야 하나? 간다면 어느 대학을? 전공은?

아니면,

최신 휴대폰 모델 중 어느 제품을 선택할까?

페이스북(소셜네트워크)에 친구를 많이 맺기 위한 방법은?

또는,

지구 곳곳에 버려지는 폐기물을 환경친화적으로 처리하는 방법은?

이 질문들은 공통적으로 문제해결을 위한 '의사결정' 방법을 필요로 합니다. 이런 문제들을 포함한 다양한 현실 의사결정 문제의 해결책을 찾기 위한 방법을 체계적으로 연구하는 학문 분야가 있습니다. 바로 경영과학입니다. 여러분은 의사결정 문제들을 접하면 친구들과 이야기를 나누며, 부모님의 조언을 듣거나, 여러 매체를 통한 전문가의 추천을 반영하여 종합적으로 그리고 직관적으로 해결책을 찾고자 노력할 것입니다. 반면에 경영과학에서는 의사결정 문제를 수학식으로 표현하고, 이를 기반으로 솔루션을 찾는 방법을 이용합니다. 경영과학은 분석적 문제해결 능력과 깊이 연관되어 있고, 직관적 문제해결 능력을 강화합니다.

경영과학은 결정에 관한 문제를 시스템 시각에서 바라보게 하고, 때로는 미처 생각지 못한 해결책을 제시하기도 하며, '나' 아닌 '상대'를 설득할 때 사용할 수 있는 유용한 학문 분야입니다. 여러분의 직관적 의사결정 능력과 경영과학 분석능력이 합쳐지면 '올바른' 의사결정을 할 가능성은 한층 더 커지게 됩니다. 이런 맥락에서 보면 애플컴퓨터, GM, 월마트, 뱅크오브아메리카, AT&T 통신사, 웰스파고, UPS, Exon 정유회사, US스틸 등 미국의 대표적 대기업 최고경영자들이 체계적 의사결정을 다루는 경영과학 관련 산업공학을 전공하였다는 사실이 자연스럽게 이해될 수 있습니다.

## 경영과학이란?

경영과학(Management Science 또는 Operations Research)은 합리적 의사결정을 위해서 수학과 통계학을 이용하여 의사결정 대상 시스템을 체계적으로 분석·연구하는 기초학문이자 응용학문입니다. 경영과학은 산업공학의 학문적 바탕을 이루며, 의사결정과학(Decision Science)을 포함합니다. 경영과학에서 다루는 핵심 개념은 '시스템 분석'과 '효율성', '효과성'을 포함합니다.

보통 성인 1명이 하루 33,000여 개의 의사결정을 합니다. 어느 웹 사이트를 방문할지, 누구와 공연을 갈지, 일기장에 무엇을 기록할지 등등. 코넬 대학 연구팀에 따르면 메뉴와 장소 등 식사와 관련된 의사결정만도 하루 220여 개에 이릅니다. 이들 일상의 의사결정 대다수는 직관적으로 이뤄지지만, 많은 시간에 걸쳐 숙고가 필요한 의사결정도 있습니다. 중요한 개인의사결정을 포함해서 의사결정의 영향 범위가 자신이 속한 집단, 더 나아가 사회에 이를 경우에는 일상적 의사결정과 달리 시스템적 의사결정 접근법이 필요하게 됩니다. 시스템 의사결정은 직관에 필연적으로 부수되는 인간의 편향성을 최소화하며 합리성을 추구합니다.

합리성에 대해 먼저 이해해야 할 점이 있습니다. 인간의 합리성은 '한정적 (bounded rationality)'이라는 속성을 갖습니다. 이 개념은 허버트 사이먼(Herbert Simon)에 의해 처음으로 소개되는데, 합리성은 ① 의사결정을 위해 수집된 정보의 양과 질, ② 의사결정 처리를 담당하는 인지 기구의 논리(연산)처리능력, 그리고 ③ 의사결정에 소요되는 시간에 따라 한정적 의미를 가집니다. 부족한 정보량과 짧은 의사결정 시간, 경험 기반의 직관적 접근 등으로 인해 현실에서는 최적의 합리적 결정보다 불합리한 의사결정이 종종 이뤄집니다.

이상적인 의사결정과 합리적인 결정, 그리고 비합리적인 결정 간에는 분명 차이가 있습니다. 비록 합리성이 한정적일지라도 우리는 빠르고 정확한 최적의 의사결정을 선호합니다. 주목할 점은 논리처리능력에 따라 의사결정의 합리성 정도가 달라진다는 것입니다. 의사결정 문제를 논리적으로 표현(모형화)하고 해(의사결정 대안)를 도출하는 일련의 과정은 논리처리능력과 깊이 연관되어 있고, 이는 시스템적 접근 방식의 근간이 됩니다. 이러한 접근 방식은 경험에 의존한 직관적 의사결정과는 완연히 구분됩니다.

정보통신 및 컴퓨터 기술혁신에 힘입어 방대한 양의 정보를 활용할 수 있고, 빠른 연산처리가 가능하여 이전에는 불가능하다고 여기던 합리적 의사결정이 가능해지고 있습니다. 여기에는 시스템적 접근 방식이 큰 역할을 하고 있습니다. 전날 주문한 식재료가 다음 날 아침 집으로 배달되는 현재 상황은 시스템적 의사결정 접근 없이는 실현이 불가능합니다. 합리성은 주어진 환경에 대한 인지능력과 합리성의 한정성 범위 안에서 현실적 의미를 갖게 됩니다.

고등학교 2학년 학생인 '최적화' 군을 통해 실생활에 경영과학이 어떤 모습으로 나타나는지 살펴봅니다. 최적화 군은 중간고사가 끝난 이번 주말에 친구들과 남한산성 탐방을 가려 합니다. 최적화 군의 집이 있는 부천에서 남한산성까지 지하철 노선도를 검색하면 부천역(5-1번 문) 1호선 승차, 신도림역(1-1번 문) 2호선 환승, 잠실역(4-4번 문) 8호선 환승, 남한산성입구역 하차가 가장 빠른 경로이며 총 80분이 소요됩니다. 이때 검색엔진이 사용하는 모형이 경영과학의 최단경로모형입니다. 이 모형의 분석 대상 시스템은 지하철 노선, 환승역, 호선별 환승역 열차도착시간 정보 등으로 구성되며, 커다란 시공간(space-temporal) 네트워크로 표현됩니다. 이 경우에 효율성은 출발역에서 도착역까지의 총이동시간으로 정의됩니다.

최적화 군이 차량을 이용해 남한산성에 간다면 모형은 더 복잡해집니다. 이 경우 교차로 간의 교통변화 상황을 반영하여 요일별, 시간별 변동하는 이동시간을 추정한 도착시간을 사용합니다. 즉, 최단경로를 찾는 문제와 도착 예측시간의 오차를 줄이는 의사결정 문제를 동시에 해결합니다. 실시간 변하는 교통상황을 반영하여 최적 경로를 찾는 의사결정모형은 더 복잡한 구조를 갖게 됩니다.

의사결정 문제는 최적화 군이 가족여행을 위해 호텔을 예약할 때에도 나타납니다. 종종 호텔은 취소되는 예약을 대비하여 객실 수보다 더 많은 예약을 받습니다. 이를 오버부킹이라고 합니다. 오버부킹을 너무 많이 받으면 일부 고객을 비싼 비용을 들여 고급 객실로 이동시키거나 주변의 다른 호텔로 이송해야 합니다. 반면 객실 숫자에 꼭 맞춰 예약을 마감하면 예약 취소 발생 시 빈 객실로 인해 수익이 감소합니다. 경영과학에서는 적절한 오버부킹 범위를 정량적으로 결정합니다. 이 경영과학모형은 최적화 군이 사용하는 휴대폰의 제조업체가 휴대폰 생산/재고 수준을 결정하는 데에도 사용되며, 주식투자의 위험관리와 같은 새로운 응용 분야에도 적용됩니다.

또 다른 경영과학모형인 배스(Bass)모형은 컬러 TV가 새로운 기술로 대두된 1960년대에 소비자 수요가 최대에 이르는 시점과 최대수요량을 예측하기 위해 개발됩니다. 이들 예측값에 따라 대규모 자본투자가 필요한 신규 공장시설 투자시점과 규모가 결정되므로, 소비자 수요가 언제 얼마만큼일지를 예측하는 일은 기업에게 매우 중요한 전략적 경영업무입니다. 배스모형은 신기술 수요예측을 새로운 수학식으로 표현하여 전통적 예측모형과는 크게 다른, 그러나 비교적 정

그림 1-1. 다학제적 성격의 경영과학

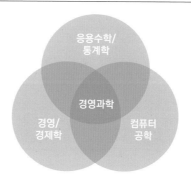

확한 예측값을 얻을 수 있음을 실증적으로 보여줍니다.

경영과학은 경영/경제학, 응용수학/통계학, 컴퓨터공학 등에서 다루는 여러 기법을 사용하고, 또한 경영과학에서 개발된 기법들이 이들 영역에서 활용되기도 합니다. 현실에서 실행 가능한 솔루션을 도출하는 것을 목표로 하는 경영과학은 전통적 공학 기반의 학문 성격을 갖습니다. 물론 경영과학도 이론 면에서는 시스템 의사결정과 관련된 깊이 있는 수학적 연구를 수행하지만, 그 출발점은 언제나 현실 문제의 해결입니다. 연관성이 없어 보이는 다양한 분야를 '시스템 시각에서의 의사결정'이라는 하나의 중심 테마로 묶어 연구하는 다학제적 학문이 경영과학입니다. 경영과학의 적용 분야는 의사결정을 필요로 하는 모든 영역이며, 실로 한계가 없습니다.

## 합리적 의사결정과 모형화

경영과학은 ① 의사결정 관련 현실 문제를 체계적으로 정의하여 수학적 모형으로 표현하고, ② 작성된 수학적 모형을 이용해 현실에 적용이 가능한 해(솔

그림 1-2. 경영과학을 사용한 의사결정 접근절차

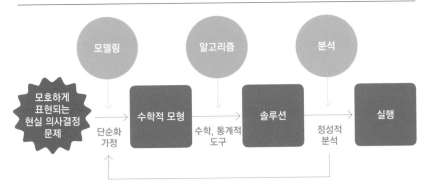

루션)를 찾는 두 가지 영역으로 나뉩니다. 이를 그림으로 표현하면 그림 1-2와
같습니다.

앞서 언급한 최적화 군의 최단경로 결정은 모델링 과정을 거쳐 의사결정 범
위 및 제한요소들을 수학식으로 표현한 모형과, 이를 이용한 해 찾기(알고리즘)
가 적용된 결과입니다. 위 그림에서 모형의 타당성, 즉 모형 단순화를 위한 가정
이 적합한지에 대한 검토는 꼭 필요합니다. 모델링 초기에 고려하지 못한 현실
성을 보강하기 위해서 모형의 개선작업이 필요할 수 있습니다. 이런 개선작업은
앞서 언급한 모형의 '한정적' 합리성에 대한 판단에 따라서 짧은 기간 또는 긴
시간을 두고 점진적으로 이루어집니다.

경영과학의 의사결정 방법론은 서술적(descriptive), 예측적(predictive), 그리고
처방적(prescriptive) 모형으로 분류됩니다. 서술적 모형은 현상을 실제와 가장 가
깝게 그대로 표현하는 모형으로서, 그림 1-2에서 알고리즘 이후 과정이 통상 생
략된 모습으로 나타납니다. 식당에서 배식을 기다리는 대기줄을 묘사하는 대기
행렬모형 등이 그에 해당하며, 이를 이용한 what-if 분석을 통해 인간의 직관적
의사결정에 보조적 도움을 줍니다. 예측적 모형은 다양한 확률적 요소를 반영하
여 시스템의 변화를 추정하며, 직관적 의사결정에 도움이 되는 정보를 추출하는
데 사용됩니다. 앞서 언급한 배스모형이 이에 해당합니다. 반면 처방적 모형은

'최적화'를 기반으로 시스템 내에 한정된 제약을 만족시키며 목표하는 성과를 최대로 끌어올리는 처방(의사결정)을 직접적으로 제시합니다.

예를 들면 코로나 상황에서 전염병이 확산되는 상황을 묘사하는 모형은 서술적 모형에, 특정 지역에 한 달 후 코로나 감염자 수를 예상하는 모형은 예측적 모형에 해당합니다. 반면 코로나 전염병 확산을 방지하기 위해 백신접종을 가장 효과적으로 실행하는 정책 결정, 즉 백신 집중 지역 설정 및 기간 등을 결정하는 수학적 모형은 처방적 모형에 해당합니다.

서술적 모형과 예측적 모형은 주로 시간에 따라 변화하는 동적 시스템 또는 불확실한 상황을 고려하는 확률적 시스템에, 처방적 모형은 특정 시간에 고정된 상태의 시스템에 유용하게 사용됩니다. 처방적 모형을 동적, 확률적 시스템에 사용하기 위해서는 막대한 계산수행 능력이 필요합니다.

의사결정 문제는 때로는 무한히 많은 대안들 가운데 하나를 선택하는 형태로도 나타납니다. 최적화 군이 고려한 지하철 최단경로 문제는 여러 환승 패턴으로 이뤄진 유한 개수의 경로들 가운데 하나를 선택하는 문제입니다. 반면에 서울에서 뉴욕까지의 연료소모가 가장 적은 비행경로를 찾는 문제는 무한히 많은 경로들 중 하나를 선택하는 문제입니다. 하나하나 가능한 경로를 탐색해 최적의 경로를 찾기는 불가능한 문제이므로 같은 최단경로 문제처럼 보이지만, 문제 정의에 필요한 대상 시스템과 수학적 모형이 다릅니다. 흥미롭게도 지하철 최단경로모형은 고가장비의 효율적 교체 일정 결정, 미래 투자가치를 가장 크게 하는 투자대안의 선택 등 서로 연관관계가 전혀 없어 보이는 의사결정을 다룰 때에도 동일한 모습으로 나타납니다.

앞서 언급한 포켓몬 GO 사냥, 휴대폰 회로기판 제작, 모나리자 원본 모사의 경우에 이들은 모두 시작점에서 출발하여 모든 대상지점들을 가장 짧은 시간에 정확히 한 번씩 방문하고 시작점으로 되돌아오는 최적 순환로를 결정하는 의사결정 문제로 표현할 수 있습니다. 방문판매원문제(TSP, Traveling Salesman Problem)라 불리는 이 문제는 잘 알려진 경영과학모형으로서, 생산스케줄 계획 등 현실에서 빈번히 발생합니다. 시스템 시각에서 보면 이들 문제는 나타나는 응용영역이 다를 뿐, 시스템 구성요소는 점, 선, 연결거리(또는 이동시간)로 동일하게 표현됩니다.

동일한 의사결정 문제이지만 다양한 현실영역에서 다른 모습으로 나타나는

**그림 1-3. 캐나다 토론토시 포켓몬 GO 사냥경로 (워털루 대학 수학과 홈페이지)**

출처: https://www.math.uwaterloo.ca/tsp/poke/cinc551_tour.html

**그림 1-4. 천공을 위해 최적 순환로 결정이 필요한 전자회로기판**

**그림 1-5. TSP 모형을 이용한 모나리자 원본 모사**

출처: https://www.math.uwaterloo.ca/tsp/data/ml/monalisa.html

**그림 1-6. 폴란드 23개 도시를 방문하는 순환로 (Simulated Annealing 알고리즘 사용 결과)**

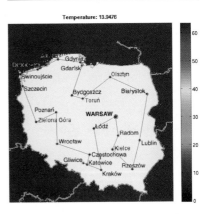

출처: https://upload.wikimedia.org/wikipedia/commons/f/fe/Sa_poland_tsp.gif

TSP와 같은 기초모형을 개발하고 새로운 적용영역을 추가하는 연구는 중요한 경영과학 연구주제입니다. TSP 모형에 대한 연구가 잘 진행되어 있으면, 서로 다른 응용영역에서 활동하는 연구자들이 많은 시간을 들여 '똑같은 해결방법'을 새롭게 고안할 필요가 없습니다. 또한 경영과학 의사결정 기초모형을 이용하면 다양한 변형 · 응용모형을 사용자 또는 새로운 개발자가 자신의 필요에 맞게 고쳐 쓸 수 있습니다. 즉, 확장이 가능해집니다.

맥락이 미묘하게 다르지만, '암 환자의 방사선 치료 시 어느 부위에 어느 방향으로 얼마만큼의 방사선을 쏘일 것인가?'와 '서울 시내 교통량을 줄이기 위해 대중버스교통시스템 도입타당성을 검토할 때, 교통수요를 감당할 수 있는 수준의 버스운행대수는 최소 몇 대인가?'를 결정하는 문제는 경영과학 시각에서 보면 공통되게 선형정수계획으로 모형화할 수 있습니다. 따라서 이들 문제는 기존에 잘 연구된 선형정수계획 알고리즘을 사용하여 각각의 경우에 해당 분야 전문가의 경험 기반 솔루션보다 더 나은 대안을 만들어낼 수 있습니다. 응용자는 새로운 응용영역을 찾는 일에, 알고리즘 개발자는 응용영역에 대한 전문지식 없이 특정 모형의 해를 신속히 찾는 방법에 집중할 수 있지요. 경영과학 모델링은 복잡한 해법절차로부터 응용 사용자를 자유롭게 합니다.


## 알고리즘과 해 찾기


경영과학의 또 다른 중심축인 해 찾기는 응용수학, 컴퓨터공학, 통계학을 기반으로 수행됩니다. 효율적인 해 찾기 알고리즘의 필요성에 대해 예를 들어 생각해 봅니다. 최적화 군은 학교 대표로서 전국 학교 대항 혼성토론 대회에 출전할 학교 대표팀을 선발 · 구성해야 합니다. 예선을 거쳐 선발한 여학생 대표 5명과 남학생 대표 5명을 기준으로, 남녀 각각 1명으로 구성된 혼성 대표팀 5팀이 출전 예정입니다. 각 남녀 학생 대표는 1개 팀에만 소속이 가능하며, 남녀 대표 팀 쌍에 대한 예상 승점은 남1-여1이 3점, 남1-여2는 8점 등 다음 표와 같습니다. 단체팀 우승을 위해, 출전하는 5개 학교 대표팀이 획득할 총점 합을 가장 높게 받으려면 최적화 군은 혼성 대표팀을 어떻게 구성해야 할까요? 이 예는 단순화한 모형으로, 팀 구성원 간의 선호도, 학생들의 당일 컨디션 등 다양한 요소를 고려한 현실적 모형을 생각할 수 있지만, 알고리즘과 해 찾기 필요성을 설명하기에는 충분합니다.

| 구분 | 남1 | 남2 | 남3 | 남4 | 남5 |
|------|-----|-----|-----|-----|-----|
| 여1 | 3 | 8 | 6 | 2 | 7 |
| 여2 | 8 | 9 | 7 | 4 | 7 |
| 여3 | 8 | 4 | 9 | 8 | 5 |
| 여4 | 4 | 5 | 8 | 3 | 7 |
| 여5 | 9 | 4 | 3 | 8 | 6 |

회색으로 표기된 팀 구성은 근시안적 해임

경영과학에서 할당모형이라 불리는 이 문제는 위와 같은 작은 크기 문제일 경우 120(5!)개의 경우의 수를 생각하면 됩니다(최적 팀 구성은 여러분 스스로 찾아보기 바랍니다). 그러나 다수의 토론팀을 구성하려면 이런 방법으로 최적해를 찾기는 어렵습니다. 예를 들어 70개 팀을 구성하려면 70!(대략 $1.198 \times 10^{100}$)의 경우의 수를 고려해야 합니다. 가능한 팀 구성을 모두 나열하여 비교하는 방식은 2024년 현재 가장 빠른 슈퍼컴퓨터(1.19엑사플롭, 1엑사플롭은 $10^{-18}$초당 1가지 연산)로도 대략 3190000000000000000000000000000000000000000000000000000 0000000000000000000000년($3.19 \times 10^{74}$년 ≒ $1.198 \times 10^{100} \div 1.19 \times 10^{-18} \div 60 \div 60 \div 24 \div 365$)이 소요됩니다. 이 시간은 우주생성 시점부터 현재까지의 기간인 138억 년(13,800,000,000년)보다도 훨씬 더 긴 시간입니다. 따라서 수학적 모형을 풀기 위한 특수한 알고리즘이 필요합니다. 실제로는 70개 팀을 최적으로 구성하는 문제 정도는 경영과학 알고리즘을 사용하면 개인용 컴퓨터에서 수분 이내에 최적해를 얻을 수 있습니다.

위 문제를 해결하는 경영과학모형은 이진 결정변수 $x_{ij}$ = 0 또는 1을 사용하여 다음과 같이 수식화됩니다. 여기서 $x_{ij}$ = 1은 여학생 대표 $i$와 남학생 대표 $j$가 한 팀을 이루는 결정을, $x_{ij}$ = 0은 그렇지 않은 결정을 나타냅니다.

$$\max \ z = \sum_{i,j} c_{ij} x_{ij}$$
$$s.t.$$
$$\sum_{i=1}^{5} x_{ij} = 1 \qquad j = 1, 2, 3, 4, 5$$
$$\sum_{j=1}^{5} x_{ij} = 1 \qquad i = 1, 2, 3, 4, 5$$
$$x_{ij} = 0 \ \text{or} \ 1 \qquad i, j = 1, 2, 3, 4, 5$$

첫 번째 수식은 취득 가능한 총 승점을 나타냅니다. 즉, $x_{ij}$ = 1일 때에 승점 $c_{ij}$가 총 취득 점수에 더해집니다. 예를 들어 여학생 2와 남학생 4가 한 팀을 이룰 경우, 위 테이블에서 $c_{24}$ = 4가 더해집니다. 두 번째 이하 수식은 남녀 학생은 각각 1개 팀에만 소속되어야 함을 나타냅니다. 예를 들면 남학생 1($j$ = 1)은 오직 1명의 여학생과 팀을 이룰 수 있다는 조건이 두 번째 수식에서 $j$ = 1인 경우에 해당하는 수식 $x_{11} + x_{21} + \cdots + x_{51}$ = 1로 표시됩니다.

이와 같이 논리적 판단(여학생 $i$와 남학생 $j$가 같은 팀을 이룰지 여부)을 수식화하는 과정이 위에서 언급한 모형화 과정입니다. 이 수식화된 모형에 헝가리안 알고리즘을 적용하면 최적의 팀 구성을 결정할 수 있습니다. 헝가리안 알고리즘은 위 할당모형에 특화된 최적화 알고리즘으로서 할당모형의 최적 대안을 매우 빠르게 찾는 방법입니다.

현실에서는 이 할당모형에 추가적인 조건이 포함된 경우가 더 자주 일어납니다. 예를 들면 항공사 항공편을 공항 탑승구에 배정할 때 할당모형이 전체 문제의 일부분으로 나타납니다. 항공기 탑승구 배정 문제의 경우, 2023년 인천공항에 이착륙하는 항공편은 하루 평균 1,800여 편이고 탑승구는 269개에 불과하지만 환승대기시간과 공항혼잡도를 최소화하는 수학적 모형은 484,200개의 이진변수를 갖는 초대규모의 문제가 됩니다. 이 경우 이진 변수를 조합하여 얻을 수 있는 모든 경우의 수는 이전 70!과는 비교되지 않을 정도로 큰, 실로 상상을 초월하는 $5.29 \times 10^{145,758}$개를 넘습니다. 이런 초대규모 문제의 합리적 해를 신속히 찾는 알고리즘을 개발하는 일은 경영과학에서 중요한 연구 분야입니다.

현실 문제의 다양성만큼이나 의사결정모형의 해를 찾는 방법 또한 다양합니다. 간단한 미분을 사용한 방법에서부터 다차원 공간의 복잡한 함수를 고려한 최적화 방법론이 있는가 하면, 생태계를 모방한 유전자 알고리즘, 진화 알고리즘과 같은 메타휴리스틱 알고리즘, 신경망 네트워크 및 딥러닝 알고리즘 등 다양한 알고리즘이 존재합니다. 전 세계 최강 바둑 고수들을 대상으로 압도적 우승 전적을 보여 많은 관심을 모은 알파고 역시 무수히 많은 착점 수 가운데 하나를 매 순간 선택(결정)하며, 그 선택 엔진(인공지능)의 핵심은 해 찾기(의사결정) 알고리즘입니다. 알파고를 포함한 심화학습 신경망 네트워크(DNN, Deep Neural Network) 기법은 경영과학의 해 찾기 방법론 중의 하나인 비선형최적화 접근법의 확률적 경사면법(Stochastic Gradient Method) 등 다양한 최적화 접근법을 DNN 학습훈련에 핵심적 알고리즘으로 사용합니다.

앞서 언급한 '어느 대학, 무슨 학과로 진학할까'와 같은 의사결정 문제는 현실적으로 고려해야 할 대안에 대한 '평가요소'가 여러 개 있는 경우에 해당하며, 다목적의사결정모형을 이용하여 해결합니다. 이와 관련해서는 AHP(Analytic Hierarchy Process), 의사결정나무(Decision Tree), DEA(Data Envelopment Analysis) 등의 경영과학모형과 해 찾기 방법론이 있습니다.

# 경영과학 역사와 현실적용 기초모형들

경영과학(Operations Research)은 제2차 세계대전 중 영국에서 처음으로 공식적 활동을 시작합니다. 연합군은 전쟁 중 군에서 발생하는 의사결정 문제를 해결하고자 'Operational Research' 그룹이라는 다학제적 조직을 영국 해군성 내에 구성합니다. 수학, 물리, 공학, 사회과학 등 다양한 전공자들로 구성된 이 그룹은 수학적 모형을 기초로 과학적 문제해결 방식을 사용하여 전쟁 중 발생하는 복잡한 군사적 의사결정 문제를 해결합니다. 대표적인 예로 연합군 보급선에 대한 독일군 잠수정 U보트의 기습 공격을 효과적으로 대처하기 위해 연합군 폭격기 운영에 관한 현실적 방안들을 경영과학 접근법을 사용하여 도출합니다. 전쟁 종료 후 민간 부문에서의 활용성이 인식되면서 경영과학 접근법은 점차 기업운영 및 생산현장에 사용되기 시작합니다.

이와는 별개로 제2차 세계대전 이전인 1930년대에 이미 수학자이자 노벨 경제학 수상자인 칸토로비치(Kantorovich)는 경영과학 기초모형 중 하나인 수송계획모형에 대한 이론을 제시하고, 1920년대에는 폰 노이만(Von Neumann)이 현대

**그림 1-7. 칸토로비치**

**그림 1-8. 폰 노이만**

게임이론모형을 개발합니다. 게임이론모형은 경영과학에서 현재에도 활발히 연구되고 있는 공급자와 수요자 간의 공급사슬 협력모형을 분석하는 데 기초가 됩니다.

제2차 세계대전 종료 이후 현재에 이르기까지, 경영과학은 다양한 의사결정 모형과 효과적 해 찾기 알고리즘의 개발을 담당하는 기초학문으로서, 또한 현실 적용사례를 개척하는 실용학문으로서의 역할을 다하며 응용영역을 넓혀왔습니다. 산업공학에서 다루는 생산관리, 작업관리, 품질관리, 물류관리, 통신네트워크 분석, 위험 분석 및 투자안 개발 금융공학, 공급사슬, 빅데이터 분석, 스마트 팩토리, 마케팅, 소셜네트워크 분석 등이 이들 응용영역에 해당합니다. 최근에는 단백질 합성, 유전자 시퀀싱, 파생 금융상품 개발, 우주탐사 등 기술혁신 분야로 적용범위가 확대되고 있습니다. 한정된 자원의 효율적 운용을 위해 컴퓨팅 파워를 이용한 실질적, 구체적 대안을 도출하는 경영과학은 현대사회에서 발생하는 대다수 의사결정 문제를 다룹니다.

최적화 군이 처한 다음 상황은 전형적인 의사결정 문제입니다. 음악동아리 기획실장인 그는 학교 축제에서 공연할 리드보컬을 뽑고자, 전체 신입생 200명을 대상으로 오디션을 하려 합니다. 최적화 군은 시험도 준비해야 해서 가장 우수한 신입생을 뽑는 시간을 최소로 줄이고 싶습니다. 그는 무작위 순서로 200명을 한 명씩 차례로 오디션하고, 그 즉시 선정 여부를 확정하려 합니다. 각 신입생에 대한 평가점수는 해당 학생을 오디션한 후에 알 수 있고, 탈락한 신입생은 다시 불러 선택할 수 없습니다. 어떻게 하면 최적화 군은 가장 우수한 신입생 리드보컬을 뽑을 수 있을까요? 최적화 군이 낮은 기준으로 특정 지원자를 선택하면 그 뒤에 있을지 모를 더 나은 지원자를 선정할 기회를 잃게 되고, 너무 높은 기준을 설정하면 마지막 지원자를 선정해야만 하는 경우가 발생하므로 적정 기준이 필요합니다.

이 예제의 경우 경영과학모형을 사용하면, 최적의 오디션 방식은 첫 74(200/e)명을 모두 탈락시키고 이들 중 가장 우수한 지원자를 기준으로, 이후 더 좋은 지원자가 나타날 때까지 오디션을 진행하는 것입니다. 이 전략은 가장 큰 확률 (36.8%)로 신입생 200명 중 가장 우수한 지원자를 선정하게 합니다.

최적화 군이 옷을 구입하기 위해 이용하는 SPA 상점 자라(Zara)에서도 자체적으로 개발한 물류관리시스템을 사용하여 물품 주문량과 주문 빈도 등을 결정합니다. 이 시스템은 경영과학의 확률과정모형을 이용합니다. 소비자에게는 보이지 않지만 실제로는 진열장 뒤에서 가장 비용 효율적이며 소비자 패션 요구를 충족할 수 있는 의사결정모형이 매일 사용됩니다. 현재 큰 관심 대상인 빅데이터 분석과 인공지능 분야에서도 한층 깊이 들여다보면 경영과학 의사결정모형과 최적화모형, 그리고 해 찾기 알고리즘을 빈번히 사용합니다.

서로 다른 영역에서 나타나는 의사결정 문제들을 동일한 시각에서 바라볼 수 있게 하는 경영과학 기초모형들은 다양하게 많습니다. 선형계획, 동적계획, 수송계획, 게임이론모형 등 다양한 확정적 모형과 대기행렬모형, 확산모형, 확률과정모형, 예측모형 등 확률적 모형이 존재합니다. 산업공학 전공학생은 경영과학을 통해 이들 기초모형을 습득하고, 이를 기반으로 현실 문제를 수식으로 모형화하는 능력과, 더 나아가 현실에 맞게 변형할 수 있는 능력을 갖게 됩니다.


## 내 적성에 맞을까?


산업공학은 공학과 경영을 동시에 다루는 융합학문입니다. 경영마인드와 공학적 접근법을 익히고, 시스템 시각을 갖춘 인재를 양성하는 것이 일차 목표이지요. 경영과학은 산업공학의 학문적 기초이자 기반으로서, 산업공학에서 다루는 응용영역 전반에 걸쳐 두루 사용되는 의사결정모형과 방법론들의 이론적 기반을 제공합니다. 경영과학이 가장 중점적으로 활용되는 분야는 미래변화 및 상황변화에 대한 예측과 일의 순서를 정하는 일입니다. 사람들이 기본적으로 타고

난 직관적 예측과 계획 능력을 경영과학은 정량적, 수학적 접근법을 이용하여 강화합니다. 또한 이런 능력을 현실에서 더 효과적으로 사용할 수 있도록 컴퓨터의 계산능력을 최대한 활용하는 방법론을 연구 · 개발합니다.

산업공학을 통해 경영과학을 전공하면 기업 최고경영자와 같이 기업 내 리더로서 성장할 수 있으며, 벤처 창업자, 경영 컨설턴트 활동을 할 수도 있습니다. 또한 기초적 학문 연구를 수행하는 교수, 연구자와 같은 교육 연구 분야에서 활동할 수도 있고, 데이터 분석가, 경영전략 개발자, 시스템 분석가 등 기술 전문가 영역에서 활동할 수도 있습니다. 여러분이 조금 더 모험을 즐기는 성향이라면 경영과학 기반의 의료, 환경/보건, 에너지 관련 벤처 창업자로, 또는 혁신적 미래기술에 대한 의사결정모형 개발자로도 성장이 가능합니다. 무엇보다도 자신이 속한 전문 분야에서 발생하는 의사결정 문제에 체계적으로 접근하는 문제해결 능력이 향상되므로 경영과학 전공자는 모든 직업군에서 빛을 발할 수 있습니다.

수학적 분석에 흥미가 있고, 언어 구사 능력에 자신이 있으며, 사물에 대한 호기심이 강하다면 여러분은 산업공학 전공을 통해서 기업, 관공서, 또는 연구 및 교육기관 등 그 어느 곳에서도 기초가 튼튼한, 합리적 리더 역할을 하는 경영과학자가 될 수 있습니다.

- **예제에서 언급된 경영과학모형 모음**

: 최단경로모형, 수익관리모형, 배스모형, 대기행렬모형, 순환로결정모형, 선형계획모형, 비선형계획모형, 정수계획모형, 할당모형, 다목적의사결정모형, 재고모형, 확률과정모형

# 마치며

삶의 질을 획기적으로 바꿀 다양한 미래 한계기술 분야에서는 '경영' 의사결정을 넘어선, 혁신기술과 관련된 초대규모의 의사결정 문제를 '실시간' 해결해야 합니다. 이를 위해서는 지금과는 매우 다른 강력한 계산 패러다임이 요구됩니다. 양자컴퓨팅은 새로운 계산방식으로써 의사결정에 필요한 시간을 최소화하여 경영과학에서 다루는 계획문제와 실시간 제어문제를 동시에 해결할 수 있는 미래기술로 기대됩니다. 2017년 IBM에서 세계 최초로 5개의 큐빗을 가진 양자컴퓨터를 개발합니다. 같은 시기 국내 산업공학에서는 처음으로 한 대학 연구실에서 양자컴퓨팅 최적화(Quantum Optimization)라는 주제로, 그리고 2년 후 양자기계학습(Quantum Machine Learning)이라는 주제로 정부지원 연구과제를 시작합니다.

초기 실험실 수준의 양자컴퓨터는 발전을 거듭해 현재 실용단계의 IBM 양자컴퓨터 이외에도 D-wave, 이온큐 등 다양한 형태의 하드웨어 양자플랫폼들이 상용화 수준에서 제공되고 있고, 하드웨어 개발경쟁은 날로 심화되고 있습니다. 주목할 점은 혁신기술 관련 의사결정 문제를 해결하기 위해서는 하드웨어 발달과 더불어, 양자컴퓨팅 환경에 특화된 완전히 새로운 형태의 경영과학모형과 알고리즘 개발이 필요하다는 사실입니다. 산업공학/경영과학 전공에서 이 분야는 아직 초기에 해당하며 많은 기회가 열려 있습니다. 물리와 수학 지식 등 해당 분야의 높은 진입장벽은 장애물이기보다는 도전해 볼 만한 가치가 큰 입문 과정입니다. 새로운 양자컴퓨팅 패러다임에 여러분의 창의적인 경영과학적 사고와 열정이 더해져 밝은 미래 사회를 앞당길 수 있기를 기대해 봅니다.

양자컴퓨팅 응용은 경영과학 시각에서의 문제해결 방식을 꼭 필요로 합니다!

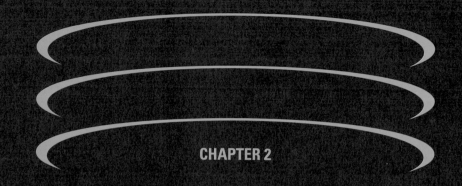

CHAPTER 2

# 경제성 공학
## 공학과 경제가 만나는 곳

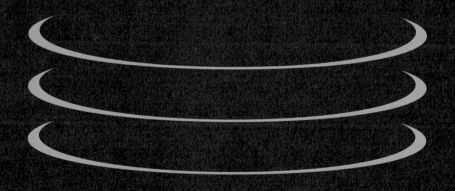

**이덕주**
서울대학교 산업공학과 교수

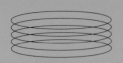

# '경제성'은
## 무엇일까요?

공학의 목적은 자연과학적 법칙을 이용해서 사람들이 필요로 하는 물건을 '경제적으로 효율성 있게' 또는 더 간단히 '경제성 있게' 만드는 것입니다. 따라서 훌륭한 공학자가 되기 위해서는 자신이 수행하는 공학 프로젝트의 경제성 분석을 통해서 어떤 프로젝트가 성공 가능하고, 어떤 프로젝트가 위험한 것인가를 분별할 줄 알아야 합니다.

산업공학에는 경제성을 분석하는 방법을 연구하고 응용하는 '경제성 공학'이라는 학문 분야가 있습니다. 이번 장에서는 공학도들이 왜 경제성 공학을 공부하여야 하고, 경제성 공학에서는 어떤 내용을 배우는지, 그리고 경제성 공학을 공부하면 어떤 일을 할 수 있는지 살펴보겠습니다.

**경인고속도로 지하화, 경제성 부족 난항**

🙎 이창욱 기자 | 🕐 승인 2024.04.18

> **국토부·인천시 보완책 마련 고심**
> **사업비 절감 위해 구간 조정 불가피**
> **2027년 착공 계획 지연 가능성 높아**

▲ 서인천IC~신월IC 경인고속도로를 서측 남청IC에 연결하고 민간 구간 19.3㎞ 지하화하는 국토부 사업의 경제성 확보 문제로 난항을 겪고 있다. 사진은 17일 서인천IC 인근에서 바라본 신월IC 방면 모습. /이재민 기자
kejm@incheonilbo.com

인천 원도심을 동서로 가로지르는 경인고속도로 지하화 사업이 경제성 문제로 난항을 겪고 있다.

**환경시설 설계 경제성 검토… 작년 예산 704억 절감**

■ 한국환경공단

한국환경공단은 2022년도 환경기초시설 설치사업에 대해 설계 경제성 등을 검토한 결과, 예산 704억 원을 절감했다고 밝혔다.

**제주도 '수소트램 도입' 설전… "경제성 우려" vs "타당성 확보"**

🙎 홍창빈 기자 | 🕐 승인 2023.10.18 16:47

> **환경도시위원회 행정사무감사…"B/C가 0.77 경제성 우려"**
> **제주도 "보수적으로 책정…세부적인 추가 분석 진행할 것"**

18일 열린 환경도시위원회 행정사무감사. Ⓒ헤드라인제주

제주특별자치도가 민선 8기 도정의 공약으로 제시한 '트램(Tram) 도입 본격화'를 선언한 것에 대해 적자 등 막대한 재정부담 우려가 제주도의회에서 제기됐다.

출처: 인천일보(2024년 4월 18일),
문화일보(2023년 4월 24일),
헤드라인제주(2023년 10월 18일)

여러분들 '경제성'이란 단어는 많이 들어보셨죠? 위에서 소개하는 기사들만 보더라도 모두 '경제성'이 중요한 키워드로 사용되고 있는 걸 확인할 수 있습니다. 기사를 조금 자세히 읽어보면 이러저러한 사업들이 경제성이 있다, 없다, 그래서 그러한 사업에 막대한 투자를 할 것인가, 말 것인가, 이에 따라 어떤 사람들은 그 사업에 대한 투자를 지지한다, 아니면 반대한다 등의 내용들이네요. 그러니까 경제성이 있느냐 없느냐에 따라 이렇게 많은 얘기들이 오가는 것을 보면 아마도 '경제성'이라는 것이 상당히 중요한 것 같습니다. 그리고 이런 기사들이 나오려면 누군가에 의해 어떤 사업의 '경제성'이 분석되고 있다는 말인데요. 그

렇다면 경제성 분석은 어떻게 하는 걸까요? 그리고 어떤 공부를 해야 할 수 있는 걸까요?

산업공학에는 경제성 공학(Engineering Economy)이라는 학문 분야가 있는데, 바로 이 분야가 경제성을 분석하는 방법을 연구하고 응용하는 것입니다. 이번 장에서는 이름마저 조금 수상한 경제성 공학이 도대체 어떤 내용을 공부하는지 한번 살펴보겠습니다.

## 경제와 공학이 만나는 이유

이 책을 읽고 있는 여러분들은 아마도 산업공학이라는 학문에 관심이 있어서 전공으로 선택하려고 하거나, 아니면 적어도 산업공학과에서는 어떤 공부를 하는지 호기심을 갖고 계신 분들이겠지요? 그렇다면 고등학교에서 이공계를 지원하기 위해서 수학이나 자연과학을 열심히 공부하고 있는 학생이라면 경제 또는 경제학이라는 단어는 어떤 느낌으로 다가오나요? 어쩌면 여러분과 친한 친구들 중에 경제학과를 지원하고 싶어 하는 친구들이 있지 않은가요? 경제학은 대표적인 상경계열 또는 사회과학 분야 학문이니, 공학과는 거리가 멀다고 느껴지나요?

사실 경제라는 용어는 우리가 실생활에서 너무나 많이 사용하고 있는 개념입니다. 뉴스나 신문 기사는 말할 것도 없고, 여러분이 부모님이나 친구들과 대화를 나눌 때를 잘 생각해 보면 경제라는 단어를 심심치 않게 사용하거나, 단어를 직접 사용하지는 않더라도 경제와 관련된 주제에 대해 이야기를 나누는 것을 흔하게 경험하실 수 있을 겁니다. 예를 들어 부모님께 용돈 인상을 심각하게 요구해 보신 적 있으시지요? 좋아하는 아이돌그룹 콘서트를 보러 가거나 놀이공원에 놀러 가기 위해서 친구들과 비싼 입장료를 어떻게 마련할 수 있을까 머리를 맞대고 고민해 본 적 있으시지요? 제가 어렸을 때 가끔 부모님들이 말다툼을 하시는 경우, 도대체 왜 그러시는지 가만히 엿들어보면 원인이 십중팔구 경제적 문제인 경우가 많더라고요. 물론 여러분의 부모님은 모두 사이좋게 잘 지내고 계시겠지만요. 이렇게 경제라는 단어는 우리들에게 이미 매우 익숙한 개념입니다. 그러나 한편으로는 공학도 지망생인 여러분이 굳이 직접 공부해야 하는 내용이라고는 생각하지 않을 수 있는데, 과연 맞는 생각일까요?

그렇다면 여러분이 전공하려고 하는 공학이라는 학문은 무엇을 공부하고 연구하는 것인지 한번 생각해 봅시다. 그 해답은 공학(工學)의 한자를 보면 어렵지 않게 짐작할 수 있는데요. 공학을 간단히 정의하자면 '무언가를 만드는(工) 것과 관련된 학문(學)'을 말합니다. 그러니까 건축공학이나 토목공학은 건축물이나 도로, 교량과 같은 구조물을, 기계공학은 기계류를 만드는 것과 관련된 내용을 공부하고 연구하는 학문입니다. 또한 화학공학은 화학법칙을 이용해서, 전자공학은 전자기학 법칙을 이용해서 무언가를 만드는 것과 관련된 학문인 것이지요. 그렇다면 공학이 만드는 대상인 '무언가'는 보다 구체적으로 어떤 것을 의미하는 걸까요?

인류의 조상 중에는 '도구를 사용할 줄 아는 인류'라는 의미의 호모 하빌리스 (Homo-Habilis)라는 집단이 있습니다. 인류가 호모 사피엔스로 진화하는 과정에서 호모 에렉투스, 즉 직립보행이 가능해지는 인류가 나타나면서 두 손이 자유로워지게 됩니다. 그리고 인류는 자유로워진 두 손을 이용해서 생존에 필요한 도구를 만들고, 또 그 도구를 이용해서 수렵·채집과 같은 활동을 하는 단계인 호모 하빌리스로 발전하게 됩니다. 이렇게 도구를 만들고 사용하는 과정에서 인

**그림 2-1. 호모 하빌리스**

류의 뇌가 발달하고 커지는 진화 과정을 겪게 되었다고 합니다.

우리는 호모 하빌리스의 존재를 통해서 '살아나가는 데 필요한 물건을 만드는 일'이 지금의 인간으로 진화하는 데 얼마나 중요한 역할을 했으며, 또한 인류의 가장 근본적인 본능 중에 하나를 차지하는 부분인지를 알 수 있습니다. 즉, 호모 하빌리스 이후 인류는 계속해서 생활에 필요한 물건들을 만들어왔고, 그러한 인간 본능적 활동의 현대적 의미가 바로 '공학'이라고 이해할 수 있습니다. 따라서 공학이 만들려고 하는 그 무언가는 당연히 우리가 현대 사회를 살아나가는 데 필요한 다양한 물건들이 되겠지요. 한편 현대 시장경제사회에서는 각자 개인들이 생활에서 필요로 하는 물건들을 스스로 만드는 것이 아니라, 거의 모두 시장에서 가격을 지불하고 구입하게 됩니다. 즉, 우리가 필요해서 만드는 대상은 대부분 시장에서 거래되는 상품(goods)의 형태를 띠게 되는 것이지요. 따라서 공학이라는 학문은 '상품을 만드는 것과 관련된 학문'으로 정의할 수 있습니다.

공학을 이와 같이 정의하게 되면, 공학이라는 학문의 매우 특별한 특성인 '공학의 이중환경적(Bi-environmental) 특성'을 발견할 수 있습니다. 우선 우리가 다양한 종류의 상품을 제대로 만들기 위해서는 자연의 법칙을 잘 이해하고 활용할 줄 알아야 합니다. 아주 간단한 예로 탁자를 만드는데 탁자의 다리를 하나로 만들면 자꾸 쓰러지기 때문에 사용하기 어려우나, 4개의 다리로 만들면 안정적으로 사용할 수 있습니다. 이러한 성질은 중력과 균형에 대한 간단한 자연법칙을 이해하고 있다면 쉽게 응용할 수 있는 것입니다. 마찬가지로 건축물이나 기계를 만들기 위해서는 물리학의 힘과 운동에 관한 역학을 알아야 하고, 병을 고치는 약을 만들기 위해서는 화학과 생물학을 알아야 합니다. 또한 컴퓨터를 만들기 위해서는 전자기학을 알아야 하고, 핸드폰을 만들기 위해서는 전파과학을 알아야 하는 것이지요. 따라서 공학의 한 측면은 이와 같이 자연과학의 법칙에 의해서 지배되고 결정된다는 사실을 알 수 있으며, 훌륭한 공학도가 되기 위해서는 자연과학에 대한 전반적인 이해가 필수적이기 때문에 당연히 수학, 과학

그림 2-2. 공학의 이중환경적 특성

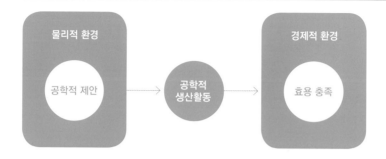

과 같은 이과 과목의 공부를 열심히 해야 하는 것입니다. 독자 여러분들처럼 말입니다.

그런데 공학을 통해서 만들어지는 상품은 도대체 무엇을 위해 만들어지는 것일까요? 당연히 사람들에게 그 상품이 사용되기 위해서 만들어지는 것이겠지요. 그렇다면 사람들은 상품을 왜 사용할까요? 근본적으로 사람들이 가지고 있는 다양한 욕망을 충족하기 위해서 사용하는 것이라 할 수 있을 것입니다. 사람들은 맛있고 영양가 높은 음식을 먹고 싶은 욕망이 있고, 그런 욕망을 충족하기 위해서 음식 또는 식품을 만들게 됩니다. 마찬가지로 사람들은 안전하고 편한 곳에서 생활하고 싶은 욕망이 있기 때문에 그런 욕망을 충족하기 위해서 집이나 건축물을 만드는 것이고요. 먼 거리를 빠르게 이동하기 위한 욕망은 자동차를, 먼 곳에 있는 사람과 이야기를 하고 싶은 욕망은 전화를 만드는 것과 같이, 세상의 모든 상품은 인간이 가지고 있는 다양한 욕망을 충족하기 위한 목적을 가지고 만들어지는 것이지요. 그리고 경제학에서는 이렇게 인간이 상품을 통해서 충족하고자 하는 욕망을 상품의 '효용'이라는 개념으로 설명하고 있습니다. 따라서 공학이 자연법칙을 이용해서 상품을 만드는 목적은 그 상품을 사용하는 사람들이 원하는 효용을 만족시키기 위한 것임을 알 수 있습니다.

그렇다면 공학을 통해서 사람들이 필요로 하는 상품이 만들어지면, 그 상품은 어디에서 거래되고 소비될까요? 바로 시장입니다. 여기에서 시장이라는 것은 여러분의 집 근처에 있는 물건을 사고파는 마트나 재래시장 같은 곳뿐만 아니라, 모든 종류의 상품이 어떠한 형태로든지 거래되는 모든 메커니즘을 칭하는 개념으로, 경제학의 가장 중요한 분석 대상이라 할 수 있습니다. 그리고 바로 이 부분에서 이공계 학문인 공학이 평소 멀게만 느껴지던 대표적인 사회과학 학문인 경제학과 만나게 되는 것입니다.

다시 말해서 공학의 목적은 자연과학적 법칙을 이용해서 물건을 만드는 데 그치는 것이 아니라, 궁극적으로 그 물건을 사용하고자 하는 사람이 시장에서 그 상품을 구매한 이후 적절한 사용을 통해서 원하는 효용을 충족할 수 있도록 물건을 '잘' 만드는 데 있는 것입니다. 여기에서 '잘' 만든다는 의미는 구체적으로 무엇일까요? 아무리 다양하고 좋은 기능을 가지고 있는 스마트폰을 만들었다고 해도, 가격이 현재 많이 팔리는 모델의 두세 배라고 하면 여러분은 그 상품을 구입하시겠습니까? 만일 사람들이 너무 비싸서 구입을 하지 않는다면 그건 '잘' 만든 상품이 아닌 것이지요. 아무리 그래픽이 멋있고 재미있는 온라인 게임을 만들었다고 해도, 그 게임을 즐기기 위해서는 엄청나게 빠른 인터넷 속도와 컴퓨터 용량이 필요해서 아무나 그 게임을 즐길 수 없다면 그건 결코 '잘' 만든 게임이 아닌 것입니다. 이런 관점에서 '잘' 만든다는 것은 최소의 자원을 활용해서 최대의 효용을 충족할 수 있도록 물건을 만드는 것을 의미하며, 보다 간단히 표현하면 '경제적으로 효율성 있게' 또는 더 간단히 '경제적으로 만든다'고 할 수 있습니다. 즉, 공학의 목적은 '자연의 법칙을 활용해서 인간이 필요로 하는 상품을 경제적으로 만드는 것'으로 정리할 수 있으며, 그렇기 때문에 공학을 둘러싸고 있는 환경은 자연과학적 법칙이 지배하는 환경과 사회과학적 경제법칙이 지배하는 2개의 환경이 상호작용하는 이중적 환경으로 구성된 특성을 가집니다.

# 경제성이란 무엇일까요?
# 무엇에 대한 경제성을 따지는 걸까요?

자, 이제 여러분들이 공학적 활동이라는 것이 자연법칙을 활용하여 사람들에게 효용을 가져다줄 상품을 경제적으로 만드는 활동이라는 사실을 이해하셨다면, 과연 경제적으로 만든다는 것이 어떤 것인가를 보다 명확하게 이해할 필요가 있습니다. 사실 '경제적으로 만든다'라는 표현은 우리가 앞에서 얘기한 '경제성이 있다'라는 것과 똑같은 의미인데요. '경제성'이라는 개념이 바로 경제성공학이라는 학문에 있어서 가장 중요한 핵심 개념이니만큼 보다 철저하게 이해할 필요가 있습니다.

그런데 경제성이라는 개념이 그렇게 복잡한 의미는 아닙니다. 여러분들이 요즘 흔히 사용하는 단어 중에 '가성비'라는 것이 있지요? '이 식당 음식이 가성비가 좋다'라거나 심지어는 아무리 많은 시간을 들여 공부를 해도 성적이 잘 나오지 않는 과목에 대해서 '가성비가 안 나오는 과목'이라고 표현들 하시죠? 결국 가성비라는 것은 들이는 노력(가격, 공부시간 등) 대비 그 결과로 얻는 성과(음식의 맛과 양, 좋은 성적 등)가 상대적으로 얼마나 좋은가를 의미하는 것인데, 이 개념을 일반화하면 경제적 효율성 또는 경제성과 다름없습니다. 그렇기 때문에 일상생활에서 가성비라는 단어를 심심치 않게 사용하고 있는 여러분은 이미 경제성이라는 개념을 어느 정도 이해하고 활용하고 있는 것입니다. 자, 그럼 기술적으로는 잘 만든 물건이 경제성이 없으면 어떤 일이 벌어지는지 실제로 있었던 유명한 사례를 통해 한번 살펴볼까요?

혹시 '콩코드'라는 비행기 이름을 들어보셨나요? 콩코드는 세계 최초로 상용화된 초음속 여객기의 이름입니다. 사람을 태우고 날아가는 속도가 소리의 속도보다 빠른 비행기라니 대단하지 않습니까! 사실 콩코드는 개발된 지 꽤 오래되었습니다. 제2차 세계대전이 끝난 후에 항공기 기술 주도권이 유럽에서 미국으

그림 2-3. 콩코드 여객기

로 넘어가는 것에 대해서 안타까
워하던 유럽의 두 강대국인 영국
과 프랑스가 서로 협력해서 미국
으로부터 항공기 기술의 주도권
을 다시 뺏어오자고 의기투합하
게 됩니다. 그리하여 두 나라 정
부의 전폭적인 지지하에 10년에

걸친 기술개발 노력의 결과, 1971년 드디어 최대속도가 마하 2(음속의 2배)를 넘
는 여객항공기를 만들어냅니다. 콩코드의 개발 성공은 당시 전 세계로부터 대
대적인 주목과 찬사를 받았고, 이후 지속적으로 성능을 개선시킨 후 1976년 1월
21일에 드디어 세계 최초로 초음속 여객기의 상업 운항을 시작하게 됩니다. 당
시 다른 일반 비행기로는 평균 8시간 가까이 걸리던 파리-뉴욕 대서양 횡단 구
간을 3시간대에 주파할 수 있었던 콩코드는 실로 당대 최첨단 기술들의 총집합
체로서 공학기술이 만들어낸 최고의 걸작품이었습니다.

여러분은 초음속으로 하늘을 나는 콩코드를 타보고 싶지 않으신가요? 그러
나 아쉽게도 이젠 더 이상 콩코드를 탈 수가 없습니다. 왜냐하면 이미 2003년을
마지막으로 콩코드는 역사 속에서 사라져버렸기 때문입니다. 처음에는 세상을
떠들썩하게 할 정도로 획기적인 기술개발로 찬사를 받았던 콩코드의 운행이 불
과 27년 만에 중단된 이유는 어디에 있을까요? 콩코드의 운행을 더 이상 할 수
없게 만든 원인으로는 비행기의 속도가 음속을 넘어서는 순간 발생하는 소닉붐
이라는 엄청난 소음을 기술적으로 해결하지 못하여 승객들이 불안해하고 불편
해했던 점, 2000년 파리 드골공항에서 이륙 시 발생한 폭파사고로 탑승인원 전
원이 사망한 사건으로 인해 불거진 비행기의 안정성 문제 등 기술적인 부분에서
의 원인도 있었지만, 무엇보다도 가장 근본적인 원인은 바로 '경제성'에서 비롯
된 문제였습니다.

사실 콩코드의 개발과정에서 초음속이라는 기술적 목표를 달성하기 위해서

여러 가지 다른 부분들을 포기해야 했습니다. 우선 초음속을 내기 위해서는 당연히 많은 연료 소모를 감수할 수밖에 없었습니다. 그리고 동체를 가볍게 만들기 위해서는 탑승인원이 100명 정도밖에 안되는 크기로 디자인할 수밖에 없었습니다. 따라서 몸체가 좁고 길어져서 이코노미 좌석 4개를 옆으로 간신히 배치시킬 여유밖에 없었기 때문에 승객들이 불편을 느낄 정도로 좌석 공간이 좁아질 수밖에 없었습니다. 이렇게 비싼 기체, 많은 연료 소모, 적은 탑승인원은 필연적으로 항공권 가격을 높게 책정할 수밖에 없게 만들었습니다. 요금이 어느 정도로 비쌌느냐 하면, 일반 항공편의 퍼스트클래스보다 3배 이상 비쌌고 이코노미석 요금과 비교하면 거의 15배에 달했습니다. 아무리 비행시간이 줄었다 하더라도 이렇게 높은 수준의 가격을 지불하고 불편한 좌석에 앉아 여행을 하고 싶어하는 사람들은 당연히 많지 않았겠지요. 결국 콩코드는 기술적으로는 성공을 거두었을지 모르나 경제성 관점에서는 실패를 한 셈이고, 그 결과 역사에서 사라지는 불운을 맞이하게 된 것입니다.

콩코드의 사례를 통해서 알 수 있듯이, 이중환경적 특성을 가지고 있는 공학적 활동의 성공은 결코 기술적 요소에 의해서만 결정되는 것이 아니라 경제성이 있어야만 성공할 수 있습니다. 여기에서 경제성이란 사람들의 효용을 충족하기 위해서 만들고자 하는 물건의 구상, 설계, 시제품 제작, 생산단계까지를 포함하는 모든 공학적 활동이 얼마나 경제적으로 수행 가능한가를 나타내는 척도입니다. 이를 또 다르게 설명하자면 앞에서 소개한 가성비의 개념, 즉 얼마만큼 최소의 투입물로 얼마나 최대의 결과를 도출하였는가를 나타내는 경제적 효율성을 따지는 것을 의미합니다.

공학적 목적을 가지고 사람들의 효용을 충족하기 위해서 만들고자 하는 물건의 구상, 설계, 시제품 제작, 생산단계까지를 포함하는 공학적 활동의 모든 과정을 공학적 프로젝트라고 표현하기도 합니다. 그리고 비단 콩코드와 같은 대형 프로젝트가 아니더라도 크고 작은 모든 공학적 프로젝트를 실행하기 위해서는 자원의 투자가 필요합니다. 즉, 공학 프로젝트는 그 결과를 도출하기 전에 어느 정도의 돈, 시간, 인력 등과 같은 다양한 자원의 투입이 이루어져야만 진행할 수 있는 것입니다. 따라서 어떤 공학 프로젝트이든지 그 프로젝트에 필요한 투자가 과연 투자할 가치가 있는가에 대하여 사전에 결정을 내려야 합니다. 예를 들어 고등학생이 대학교 진학을 위하여 학교 수업 외의 보충학습 계획을 세우려 할 때, 과목별로 어떤 부분이 부족한지, 이를 채우기 위해서 자습, 방과 후 수업, 인터넷 강의 등의 대안 중 어느 것을 선택하는 것이 좋을지 고민하고는 합니다. 방과 후 수업은 비교적 저렴하지만 많은 학생이 함께 수강하기 때문에 개인적으로 궁금한 점들을 질문하기에는 어려움이 있고, 인터넷 강의는 시간과 장소에 구애받지 않고 학습할 수 있지만 이를 시청할 수 있는 전자기기를 구매해야 합니다. 또한 학원 현장 강의는 강의의 질적 측면이 좋을 수는 있지만 가격이 비싸고 학원까지 이동하기 위해 소요되는 시간이 다른 대안들에 비해 깁니다. 이때 현명한 학생이라면 '현재 내가 이 과목의 부족한 개념을 보충하기 위하여 어떤 방식의 추가학습에 시간과 돈을 투자하는 것이 내가 목표하는 수준에 도달하기에 효과적이고 효율적인가?'에 대한 고민을 하고 결정할 것입니다. 그리고 이런 고민을 하고 결정을 내리는 과정에서 자신이 달성하고자 하는 목표 수준과 현재의 이해도를 객관적으로 진단하고, 각 대안에 소요될 시간과 비용을 체계적으로 분석한다면 보다 효과적으로 성적을 향상시킬 수 있을 것입니다.

마찬가지로 기업이나 정부와 같은 조직에 의해서 수행되는 공학 프로젝트의 경우에도 투자를 할 것인가 말 것인가에 대한 의사결정을 내려야 하는데, 이 경우에는 주관적이고 개인적인 결정보다는 체계적이고 객관적인 분석이 반드시 필요합니다. 그리고 여기에서 공학 프로젝트에 대한 체계적이고 객관적인 분석의 핵심이 바로 '경제성 분석'이며, '경제성 공학'은 이에 대한 내용을 다루는 것입니다. 경제성이 없는 공학 프로젝트의 결과물은 실패할 수밖에 없습니다. 왜냐하면 공학적 활동의 목적이 경제성 있는 상품을 만드는 것이기 때문입니다. 따라서 경제성 분석은 어떤 공학 프로젝트가 성공 가능하고, 어떤 프로젝트가 위험한 것인가를 분별해 주는 매우 중요한 역할을 합니다. 그리고 경제성 분석을 어떻게 하는가는 경제성 공학을 공부함으로써 알 수 있습니다.

# 돈은 시간에 따라 가치가 달라져요

그럼 경제성 분석은 어떻게 할 수 있을까요? 구체적인 방법은 여러분들이 나중에 산업공학과에 들어오셔서 경제성 공학을 열심히 공부하면 잘 알게 될 것입니다. 따라서 이번 장에서는 경제성 분석을 하려면 반드시 이해하여야 할 가장 중요한 개념을 먼저 설명드리겠습니다. 그 개념은 다름 아닌 '화폐의 시간적 가치(time value of money)'라는 것입니다.

화폐는 흔히 얘기하는 '돈'과 크게 차이가 없는 개념으로 보면 됩니다. 그렇다면 '돈의 시간적 가치'란 무엇을 의미하는 걸까요? 그건 간단히 말해서 돈의 가치는 시간에 따라 달라진다는 것을 의미합니다. 우리는 '시간은 금이다' 또는 '시간은 돈이다'라는 격언을 종종 듣곤 합니다. 이 격언은 시간도 우리에게 주어진 매우 중요하고 희소한 자원이니 소중하게 사용하여야 한다는 교훈을 강조하고 있는 것인데요. 실제로 돈의 가치도 시간에 따라 다르다는 사실을 거의 모든 경제 시스템에서 받아들이고 있으며, 이를 '화폐의 시간적 가치'라는 용어로 개념화하고 있습니다. 그렇다면 돈의 시간적 가치는 왜 달라지는 것일까요?

만일 여러분에게 어느 동화에 나오는 키다리 아저씨와 같은 분이 나타나 100만 원을 지금 당장 가지는 것과 1년 후에 가지는 것 중 하나를 선택하라는 행복한 제의를 해온다면 어느 것을 선택하시겠습니까? 아마도 여러분 중 대부분은 지금 당장 가지는 것을 원한다고 대답할 것 같은데, 맞습니까? 만일 그렇다면 그 이유를 곰곰이 한번 생각해 보실까요. 지금 당장 100만 원을 갖기를 원하는 이유에는 여러 가지가 있을 수 있겠지만 가장 기본적으로는 다음과 같은 세 가지의 이유를 들 수 있습니다.

우선 사람들은 100만 원을 1년 후에 가지는 것보다 현재 가지게 됨으로써 1년이라는 기간 동안 더 오래 그 돈을 마음대로 사용할 수 있다고 생각할 것입니다. 평소 가지고 싶었던 게임기를 살 수도 있고, 항상 꿈꿔왔던 해외 배낭여행을 한번 다녀올 수도 있고요. 비싼 대학 등록금을 내는 데 보태라고 부모님께 몽땅 드리는 기특한 학생도 있을 수 있겠죠. 무엇이 되었든 본인이 하고 싶은 것을 1년 후로 미루지 않고 지금 당장 할 수 있다는 것은 대단히 큰 장점이라 할 수 있습니다. 사실 이와 같이 화폐의 가치가 미래보다 현재가 높은 가장 근본적인 이유는 사람들이 '유동성(liquidity)'을 선호하기 때문인 것으로 설명하고 있습니다. 유동성이란 어떤 재화를 얼마나 쉽게 또는 빠르게 현금화할 수 있는가의 정도를 의미하는 개념입니다. 예를 들어 일반적으로 부동산을 가지고 있는 사람보다는 금을 가지고 있는 사람이 현금이 필요할 때 더 쉽게 시장에 내다 팔아서 현금화할 수 있습니다. 이때 개념적으로 금이라는 재화는 부동산보다 유동성이 높다고 이야기합니다. 그리고 사람들은 동일한 가치를 가지고 있는 경우 유동성이 높은 재화를 더 선호할 것이라는 가설이 이른바 '유동성 선호설(liquidity preference)'입니다. 그러면 현금, 즉 돈을 사람들이 가질 수 있는 여러 가지 재화 중에 하나라고 가정해 봅시다. 그렇다면 돈은 세상의 어느 재화보다도 유동성이 가장 높은 재화가 될 것입니다. 돈은 현금 그 자체이니까요. 그래서 종종 신문 같은 것을 보면 유동성이라는 표현이 나오곤 하는데 그 의미는 사실 현금이라고 생각해도 크게 다르지 않다는 것을 알 수 있습니다. 따라서 사람들이 유동성을 선호한다는 것을 쉽게 풀어서 이야기하면 그 어떤 재화보다 현금을 좋아한다는 것으로 말할 수도 있

**그림 2-4. 화폐의 시간적 가치**

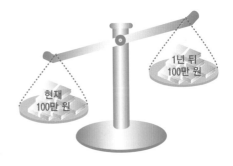

습니다. 그리고 이와 같이 유동성을 선호한다면 1년 후에 100만 원을 가지게 된다는 것은 현재 가지는 것보다 1년 동안의 유동성을 포기하는 것을 의미하므로 당연히 현재의 100만 원을 더 선호하고, 따라서 실제로 느끼는 가치는 더 크게 되는 것이지요.

화폐의 시간적 가치가 미래보다 현재에 높은 또 다른 이유는 시간이 지나면서 물가가 높아지는 인플레이션 현상에서 찾아볼 수 있습니다. 여러분의 기억을 더듬어서 한 10년 전쯤 여러분이 어렸을 때의 짜장면 가격을 한번 생각해 보세요. 지금에 비해 많이 저렴했던 것으로 기억하시죠? 실제로 과거 경험에 의하면 전반적으로 물가는 지속적으로 오르고 있는데, 이러한 현상을 인플레이션(inflation)이라고 합니다. 그리고 인플레이션 현상에 의하면 오늘 100만 원으로 구입할 수 있는 게임기를 1년 후에는 가격이 올라서 못 살 가능성이 있기 때문에 지금 당장 100만 원을 가지는 것이 유리하다고 생각할 수 있습니다. 다시 말해서 인플레이션 현상이 나타나면 일정한 가격으로 상품을 구매할 수 있는 능력, 즉 화폐의 구매력(purchasing power)이 미래보다 현재에 높아지게 되기 때문에 화폐의 현재가치가 미래가치보다 높아지게 됩니다.

마지막으로 지금 당장 100만 원을 받아두지 않는다면 앞으로 1년간 어떤 예기치 않은 상황이 발생하여 막상 1년 후에는 그 돈을 받을 수 없을지도 모릅니다. 즉, 미래에는 항상 다양한 종류의 불확실한 상황이 존재하기 마련이며, 이러한 요인을 위험(risk)이라는 용어로 개념화할 수 있습니다. 물론 불확실한 요인이 유리한 방향으로 작용할 가능성도 많지만, 일반적으로 화폐에 대해서 위험기피적인(risk averse) 성향을 가지고 있는 사람이라면 위험요소가 적은 현재의 화폐가치를 위험요소가 많은 미래의 화폐가치보다 높게 평가할 것이기 때문에 가능하면 지금 당장 돈을 받아두는 것이 좋다고 생각하게 됩니다. 이와 같은 이유들로 인해 사람들은 현재의 100만 원을 1년 후의 100만 원보다 더 좋아하는 경향이 있고요. 이런 사실은 결국 돈의 액수는 100만 원으로 동일하더라도 1년 후의 100만 원보다 현재의 100만 원에 대해 사람들이 생각하는 가치가 더 높다고 볼 수 있습니다. 다시 말해서 100만 원의 시간적 가치는 1년 후보다 현재가 더 높다는 것이지요.

앞에서 설명한 바와 같이 화폐의 시간적 가치에 따라 사람들이 현재의 100만 원을 더 좋아한다면, 현재 100만 원을 가지지 않고 1년 후에 100만 원을 가지기로 하는 것은 결국 자신이 좋아하는 가치를 1년 동안 포기하는 것을 의미합니다. 그리고 경제적인 관점에서 보면 사람들이 자신이 좋아하는 것을 포기할 때는 그에 따른 정당한 대가를 요구할 것이고, 그것을 얻으려고 한다면 마찬가지로 정당한 대가를 지불하는 것이 공평한 것입니다. 이렇게 현금을 소유하는 것을 일정 기간 동안 포기하거나 획득하는 데 필요한 대가에 대해 사회적으로 정해놓은 값이 바로 여러분들이 잘 알고 있는 이자(interest) 또는 이자율(interest rate)입니다.

그리고 이자율이라는 개념을 우리 인류가 사용하기 시작한 것은 생각보다 오래되었답니다. 예를 들어 기원전 1800년경에 고대 바빌로니아에 함무라비 법전이라는 아주 오래된 성문법전이 있었는데, 그 법전에서 매우 중요하게 규정하고 있는 내용이 바로 곡식을 빌린 자와 빌려준 자 간의 이자율을 어느 정도로 하는 게 바람직하겠다 하는 것입니다. 그러니까 우리 인류가 생산활동과 그 생산물에 대한 아주 원시적인 형태의 경제활동을 시작하면서부터 이자와 이자율이라는 개념을 사용한 경제성 분석을 했다는 것이니 놀라지 않을 수 없는 일입니다.

**그림 2-5. 함무라비 법전이 적혀 있는 석상**

# 경제성 공학은 왜 중요하며
# 현실에서 어떻게 활용되고 있나요?

사실 여러분들이 개인적인 경제활동을 하거나 또는 사회에 진출하여 공공부문이나 사기업에서 업무를 수행한다는 것은 어떤 관점에서는 계속 프로젝트들을 수행하는 것이라고 볼 수 있습니다. 특히 여러분이 공학도로 진로를 결정하였다면 그 프로젝트들은 공학 프로젝트적 성격을 가질 확률이 높겠지요. 즉, 프로젝트란 개인, 기업, 정부 등과 같은 경제적 활동 주체들이 경제적으로 수행하는 활동의 기본 단위라 할 수 있습니다. 이러한 프로젝트의 범위는 여러분과 같은 개인이 '어떤 노트북 컴퓨터를 구매할지' 고민하는 활동에서부터, 본 장의 맨 처음 신문기사에 나와 있듯이 '우리나라 동남권의 국제공항을 어느 곳에 건설할지'와 같은 국가적 차원의 거대한 프로젝트에 이르기까지 규모와 내용이 다양할 수 있겠지요. 그리고 프로젝트를 계획하고 수행하는 모든 관계자들은 그 프로젝트를 성공시키려는 목적을 가지고 있을 겁니다.

그렇다면 프로젝트의 성공을 좌우하는 가장 중요한 요인은 무엇일까요? 이번 장에서 누누이 강조한 것이 바로 성공의 열쇠는 경제성 여부에 달려 있다는 것이고, 특히 공학적 프로젝트의 성격상 경제성이 그 성공 여부에 있어서 절대적인 역할을 한다는 것입니다. 따라서 사람이 어떤 병을 성공적으로 치료하려면 병을 정확히 진단하고 치료에 따른 결과를 명확하게 평가할 수 있어야 하듯이, 공학 프로젝트의 성공을 위해서는 해당 프로젝트의 경제성을 정확하게 체계적으로 분석하고 평가할 수 있어야 하는 것이고, 이런 관점에서 볼 때 산업공학의 기초적인 학문영역인 '경제성 공학'의 중요성은 아무리 강조해도 지나치지 않습니다.

실제로 경제성 공학은 기업의 사업 타당성 분석에서는 물론 국가 정책을 수립하고 결정하는 데에도 중요한 역할을 하고 있습니다. 여러분은 삼성전자와 함께 세계적인 반도체 기업인 인텔을 알고 계시나요? 인텔은 과거 새로운 반도체 공장을 설립하려고 했습니다. 그런데 미래 반도체 시장의 성장을 고려해서 대규모 공장을 지을지, 아니면 처음에는 작은 공장을 짓고 이후에 크게 확장할지를 결정해야 하는 어려움이 있었습니다. 처음 지을 때 크게 짓는다면 상대적으로 공장 설립 비용이 저렴하지만 반도체 수요가 크지 않으면 공장이 오래 쉬게 되어 효율적이지 못합니다. 반대로 작은 공장을 먼저 짓고 나중에 크게 확장한다면 처음부터 대규모 공장을 짓는 것보다 더 많은 공사비용이 발생합니다. 인텔은 어떻게 했을까요? 인텔은 철저한 경제성 분석을 통하여 당장 대규모 공장을 설립하는 것보다는 차근차근 확장해 나가는 것이 좋겠다고 판단하였고, 처음 결정을 내린 후 8년 뒤에 반도체 시장이 충분히 성장하자 공장을 확장했습니다.

이처럼 대부분의 기업에서는 사업을 시행하기 전에 경제성 분석을 통해서 사업의 타당성과 더불어 어떻게 사업을 수행하는 것이 가장 수익성이 높은지를 결정하고 있습니다. 실제로 미국의 경제전문지《포춘》에 등재된 500대 기업들을 대상으로 진행한 설문조사에서는 대부분의 세계적인 큰 기업들이 사업의 타당성을 평가하기 위하여 순현가분석, 내부수익률분석 등 경제성 분석 기법을 사용하고 있다고 응답했습니다.

경제성 분석은 기업의 투자에서만 사용하는 것은 아닙니다. 우리나라는 대규모 재정이 투입되는 정부 사업을 시행하기 전에 예비타당성 조사를 수행하도록 법으로 정해져 있습니다. 예비타당성 조사는 정책성과 지역균형발전과 더불어 경제성 분석을 수행하여 사업을 시행하는 것이 국가 발전에 도움이 되는지 여부를 분석합니다. 최근에는 대구의 도시철도 1호선을 연장할지, 부산에 새로운 항구를 건설할지, 신분당선을 연장할지 등 다양한 정책 사업에 대한 예비타당성 조사가 수행되었습니다. 이러한 예비타당성 조사에는 경제성 공학의 다양한 방법들이 응용되어 국내 공공사업의 투자 여부를 결정하고 있습니다.

# 훌륭한 경제성 공학자가 되기 위해서는?

그러면 훌륭한 경제성 공학 전문가가 되기 위해서는 어떤 노력들이 필요할까요? 경제성 분석이라는 것은 화폐의 시간적 가치를 잘 이해하고, 어떤 공학 프로젝트를 수행하기 위해서 투자하여야 할 미래의 투자 비용과 그 프로젝트가 성공적으로 수행된 이후에 벌어들일 것으로 기대되는 미래의 기대 수익을, 이자율을 이용하여 모두 현재 시점의 가치로 정확히 계산하는 과정을 거치게 됩니다. 따라서 훌륭한 경제성 공학자(engineering economist)가 되기 위해서는 프로젝트의 현금흐름을 잘 이해하고, 이를 체계적으로 모형화한 후, 이자율을 이용하여 화폐의 시간적 가치를 정확히 계산할 수 있는 능력을 갖추기 위한 노력이 필요합니다. 또한 최근에는 과거 데이터를 바탕으로 미래에 발생 가능한 비용과 수익에 대한 현금흐름을 현재 시점에서 적절히 예측하는 빅데이터 분석을 통해 프로젝트의 경제성 분석 결과를 더 정확하게 하는 노력들이 이어지고 있습니다. 이를 위해서는 수학적인 논리와 경제적인 문제에 대한 관심과 흥미를 바탕으로 통계적 지식과 데이터 분석에 대한 역량을 갖춘 융합형 인재가 되기 위한 노력이 필요합니다. 자! 어떠세요? 여러분들은 능력 있는 경제성 공학자가 되어 사회적으로 중요한 공학 프로젝트들을 성공시켜, 보다 살기 좋은 세상을 만드는 데 멋지게 기여해 보고 싶지 않으신가요?

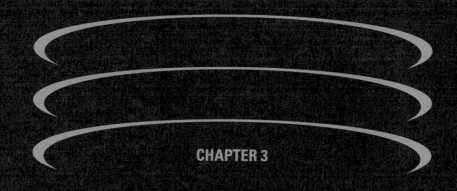

**CHAPTER 3**

# 금융공학

## 금융공학의 현재와 미래,
## 그리고 산업공학의 역할
## : 자산운용산업을 중심으로

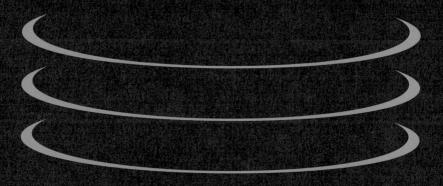

**김우창**
KAIST 산업및시스템공학과 교수

**김장호**
고려대학교 기술경영전문대학원 교수

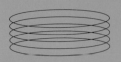

금융산업에서
산업공학도의 활약은
우연이 아닌 필연입니다.

산업공학은 전통적으로 제조산업에서 가장 많이 활용되어 왔습니다. 재미있는 사실은 제조업에서
산업공학이 주로 해결했던 문제의 구조가 자산운용에서의 핵심적인 문제 형태와 매우 비슷하다는
것입니다. 이는 전통적인 산업공학의 필수 과목을 공부한 경우에는 금융공학에 특화된 몇 개의 과
목만 추가로 공부하면 제조업뿐 아니라 금융산업에서도 충분히 활약할 수 있는 역량을 동시에 갖출
수 있음을 의미합니다.

살다 보면 누구나 한 번쯤 '대박'의 꿈을 꿉니다. 특히 상대적으로 진입장벽이 낮은 금융시장, 그러니까 주식 또는 코인(암호화폐) 투자를 통해 엄청난 부를 쌓는 상상은 여러분들도 한 번 정도는 해봤을 겁니다. 몇 번의 짜릿한 베팅을 통해 단시간에 천문학적인 규모의 부를 쌓고 그를 통해 세계적인 스타와 같은 삶을 사는 것은 누구에게나 매력적인 일일 테니까요. 전 세계 어디서나 금융권, 특히 자산운용산업에 취업을 하는 것이 선망의 대상이 되는 것은 아마도 이러한 이유 때문이겠지요.

그런데 과연 이러한 도박의 특성을 띠는 투자가 실제 산업으로서의 금융의 현실을 잘 나타내고 있는 것일까요?[1] SNS 등을 통해 코인 투자로 크게 성공한 사람들의 이야기를 접할 수 있습니다. 물론 그보다 더 자주 '쪽박'을 찬 사람들의 이야기도 들을 수 있지요. 하지만 이런 이야기들이 산업의 본질을 잘 짚어내고 있는 것일까요? 또한 금융산업과 산업공학은 어떠한 연관이 있기에 '금융공학'이 산업공학에 속하는 것일까요? 이 글을 통해 이러한 질문에 답하고, 나아가 산업공학도가 금융산업에서 어떠한 역할을 하는지 그리고 전망은 어떨지 설명해 보려고 합니다.

본격적인 내용으로 들어가기 전에 우선 이 글에서는 금융산업 전반이 아닌 '자산운용산업'을 주로 다룰 예정임을 미리 밝히고자 합니다. IMF와 OECD 자료에 따르면 '금융산업'은 전 세계 경제의 15% 이상을 차지하는 거대한 산업입니다. 스마트폰 산업에서 갤럭시S 시리즈 같은 디바이스를 만드는 것과 안드로이드와 같은 소프트웨어를 만드는 것은 완전히 다른 영역에 속하는 것처럼, 금융산업 내에도 은행, 보험, 증권 등 다양한 세부 영역이 존재하고 그 성격이 각자 판이합니다. 길지 않은 이 글에서 금융산업의 모든 분야를 다루는 것이 불가능

---

1  2024년 초부터 비트코인 현물 ETF가 거래되며 하나의 자산군으로 인식되는 경우도 있지만, 상대적으로 거래량이 적은 코인에 베팅하는 경우를 생각해 봅시다.

하기에 자산운용산업과 해당 산업 내에서 산업공학의 역할을 집중적으로 다루어보겠습니다.

# 자산운용산업 이해하기

자산운용산업은 고객이 맡긴 자산을 고객의 투자 목표에 맞춰 운용해 주고, 그 대가로 미리 약정된 운용보수를 받는 산업을 의미합니다. 일반적으로 자산운용산업의 규모는 운용자산규모로 평가되며, 2021년 기준 전 세계적으로 약 12경 원[2] 정도가 운용되고 있습니다. 제조업과 같은 일반적인 산업과는 매출을 계산하는 것이 다르기 때문에 직접적인 비교는 불가능하지만, 평균 운용수수료를 1% 정도로 잡는다면 자산운용산업의 연간 총매출은 약 1,200조 원 정도 되며, 전 세계의 경제규모(GWP, Gross World Production)가 연간 10경 원 정도임을 감안하면 자산운용산업은 지구상의 모든 경제활동 중 1% 이상을 차지하는 거대한 산업이라 할 수 있겠지요.

그러면 12경 원에 해당하는 천문학적인 규모의 돈은 어디서 온 걸까요? 사실 이는 자산운용산업을 이해하기 위해서 먼저 답해야 하는 핵심적인 질문입니다. 앞서 자산운용산업은 '고객의 투자 목표에 맞춰' 자산을 운용하는 것이라 정의하였습니다. 즉, 고객에게 전달해야 하는 가치는 고객이 맡긴 자산의 성격에 따라 결정되며, 산업의 궁극적인 목표 역시 맡겨진 자산에 의해서 정해지게 될 것입니다.

만약 만수르나 일론 머스크와 같은 고액자산가의 여유 자금이 운용자산의

---

2  편의상 1달러당 1,000원으로 계산하였습니다.

대부분을 차지하고 있다면 단순히 위험을 낮추면서 수익은 최대한 올리는 것이 산업의 주된 목표가 될 것입니다. 하지만 일론 머스크의 재산은 2024년 초 기준 200조 원이 넘지만 대부분 테슬라와 스페이스X의 지분이므로 자산운용사에 맡길 만한 여유 자금은 이보다 훨씬 적을 것이며, 따라서 일부 극도로 부유한 사람들의 '여유' 자금이 12경 원에 이르는 것은 상상하기 어려운 일입니다.

## 보험 및 연금운용의 핵심: 자산부채관리란?

실제로 자산운용산업에 맡겨진 자산의 반 이상은 국민연금과 같은 연금기금(약 5경 원 규모) 그리고 보험기금(약 4경 원 규모)에서 나옵니다. 이러한 기금은 고액자산가의 여유 자금과는 운용목표가 완전히 다를 수밖에 없습니다. 왜냐하면 이러한 기금은 추후 지급되기로 약정된 부채(liability)를 갚기 위해 존재하기 때문입니다.

보험기금은 고객이 보험에 가입하고 지불한 납입금으로 형성됩니다. 이 납입금은 보험회사에 귀속되는 것이 아니며, 계약기간 동안 특정 사건(예: 교통사고)이 일어나면 약정된 금액을 고객에게 지불하는 용도로 사용됩니다. 이런 맥락에서 생각해 보면 사건 발생 시 지급해야 하는 금액을 제때 지급할 수 있도록 하는 것이 바로 보험기금의 운용목표가 될 것입니다. 보험기금이 어떻게 운용되는지 세부적으로 살펴보기 위해서 좀 더 구체적인 예를 들어보겠습니다. 어떤 보험회사에 10,000명의 고객이 향후 10년 동안 특정 사고에 대해 보장을 해주는 보험을 들었다고 가정해 봅시다. 고객당 보험료는 100만 원이며, 계산의 편의를 위해 보험료가 모두 계약 시점에 일시불로 납입된다고 가정하면 이 시점에서 기금의 규모는 총 100억 원이 됩니다. 추가로 매년 12%의 확률로 사고가 발생하고, 이때 보험회사가 지급해야 하는 금액은 100만 원이며, 지급 시점은 일괄적으로 사고 발생연도의 12월 31일이라고 하겠습니다. 따라서 시간이 지나면서 매년 보험사가 기금으로부터 고객에게 지급해야 하는 금액은 평균적으로 12억 원이 될 것입니다. 따라서 초기에 적립된 100억 원의 기금은 매년 12억 원씩 향후 10년 동안 안정적으로 지급될 수 있도록 운용되어야 하며, 만약 계약종료 후에도 남는 금액이 있다면 보험회사의 이익으로 흡수될 것이고, 그 반대의 경우는 손해를 보게 될 것입니다.

정리하자면 현재 100억 원이 있고, 앞으로 10년 동안 매년 12억 원씩 갚아야 하니까 운용을 통해서 반드시 수익을 내야 하는 상황입니다. 하지만 보험회사가 고객에게 가지는 의무를 생각하면 운용은 안정적으로 되어야 하며, 평균수익률이 높다고 전액 주식과 같은 위험자산에 투자할 수는 없는 노릇입니다. 따라서 이 경우 가장 교과서적인 접근 방법은 채권에 투자하는 것입니다. 즉, 현재 가지고 있는 자산을 당장 돈이 필요한 사람에게 빌려주고 매년 12억 원씩을 확정적으로 받을 수 있는 현금흐름을 확보하는 것입니다. 하지만 여기에는 문제가 하나 있습니다. 보험회사는 매년 12월 31일에 같은 금액이 필요한데 매년 그 시점에 정확히 12억 원씩을 갚기 원하는 사람을 찾기가 어려울 것입니다. 이를 해결하기 위해서 보험회사는 돈을 빌려줄 사람을 직접 찾지 않고 '채권시장', 그러니까 돈을 빌리고 빌려주는 사람들이 모이는 시장에서 1년 만기, 2년 만기 … 10년 만기 채권을 구매하게 됩니다.[3] 즉, 현재 가지고 있는 자산(asset)을 활용하여 '금융시장'에서 다양한 금융상품의 '포트폴리오'를 구성하고 그 현금흐름이 추후 지급해야 하는 부채(liability)와 균형을 이루도록 맞추는 자산부채관리(ALM, Asset-Liability Management 또는 LDI, Liability Driven Investment)가 보험 운용의 핵심인 것입니다.

---

3  일반적으로 채권은 6개월 단위로 이자를 지급하고 만기에 원금만을 지급하지만, 편의상 이 예에서는 만기에 이자와 원금 전액을 지급한다고 가정하겠습니다. 참고로 이러한 채권을 제로쿠폰채권(zero coupon bond)이라고 합니다.

**그림 3-1. 미국 2년 만기 국채 수익률**

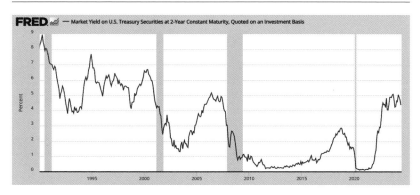

1990년대에는 미국 국채의 수익률이 연 4~7%였지만, 2010년 이후에는 1% 미만인 경우도 많았습니다. 이처럼 투자는 항상 불확실성을 내포하고 있습니다.

출처: https://fred.stlouisfed.org/series/DGS2

 

물론 현실은 앞의 예보다는 훨씬 복잡합니다. 먼저 현재의 채권시장 상황이 매년 12억씩 지급하는 채권을 구매하는 데 100억 원보다 더 필요할 수도 있습니다. 이런 경우에는 보험상품의 가격을 더 높게 책정해야 보험회사가 손해를 보지 않겠지요. 그리고 보험금을 지급하는 것은 매년 12월 31일이 아니며, 그 금액역시 확정적이지 않습니다. 따라서 다양한 채권으로 포트폴리오를 구성한다고하여도 부채의 현금흐름 자체가 규모와 시점에서의 무작위성이 있기에 이를 정확히 복제하는 것은 어려운 일입니다. 물론 채권의 수익률 역시 금리나 디폴트리스크 등에 따라 변동하지요. 다시 말해 자산운용서비스의 질(quality)은 이러한 무작위성, 즉 위험(risk)을 얼마나 잘 다루는가에 따라 달라집니다.

자산운용에서 어떻게 불확실성 또는 위험을 관리하는지 연금을 예로 들어설명하겠습니다. 국민연금의 경우 2023년 기준으로 60세까지 소득의 9%를 적립하면 65세부터 사망 시까지 그동안 지급한 금액과 임금상승률을 고려하여 약정된 금액을 지급받게 됩니다. 따라서 국민연금 입장에서의 자산은 국민이 납입한 금액이고, 부채는 은퇴 후 지급될 연금입니다. 미리 돈을 받고 나중에 돌려줘야 한다는 점에서 연금의 기금운용은 보험기금운용과 매우 비슷한 성격을 갖기 때문에, 국민이 납입한 금액을 장기채권에 투자하는 것이 바로 연금기금운용의 기본 전략이 됩니다. 하지만 임금상승률이 올라가면 지급해야 하는 연금액이 늘어나기 때문에 부채가 늘어나지만, 채권의 수익은 일반적으로 임금상승률을 반영하지 않습니다. 여기서 문제는 미래의 임금상승률은 예측할 수 없으며 항상 변동하는 값이라는 점입니다. 따라서 임금상승률이 올라가면 상대적으로 수익이 올라가는 금융상품, 즉 주식[4] 또는 TIPS[5] 등을 상당 부분 포트폴리오에 포함시키게 됩니다. 비록 임금상승률 자체를 예측할 수도 없고 직접 관리할 수도 없지만, '임금상승률에 따른 부채의 변화량'과 '자산의 변화량'을 비슷하게 맞출 수 있다면 연금의 궁극적인 목표인 국민의 노후안정을 쉽게 달성할 수 있는 것입니다. 나아가 가입자의 평균 수명이 길어질수록 지급액이 늘어나므로[6] 이를 해결하기 위해 장수위험파생상품[7] 등을 구매하거나, 아니면 위험자산인 주식 또는 사모펀드나 헤지펀드 등에 투자하여 수익률을 제고하고 불확실성을 뛰어넘는 수익을 추구하게 됩니다. 후자의 경우 자산과 부채를 일치시키는 것이 불가능하기에 아예 수익률을 상승시켜 미래의 불확실성을 대비하는 개념입니다. 물론 이 경우 손실이 발생할 수 있으므로 의사결정에 높은 수준의 정량적 기법을 적용시킴으로써 위험 대비 수익을 최대화하는 작업이 필수적입니다.

　정리하자면 자산운용산업의 절반을 차지하는 보험과 연금기금운용은 자

---

4  임금상승률은 일반적으로 경기가 활황일 때 많이 오르는데, 이 경우 경제성장률이 상승하고, 주식시장도 상승하는 경우가 많습니다.

5  Treasury Inflation Protection Securities. 인플레이션 + α%로 수익률이 정해진 채권으로, 임금상승률과 인플레이션은 같이 움직이는 경향이 있으므로 연금에서 많이 사용하는 상품입니다.

6  이를 보통 장수리스크(longevity risk)라고 합니다.

7  특정한 집단의 평균수명 변화에 따라서 돈이 지급되는 파생상품을 의미합니다. 일반적으로 생명보험회사는 수명이 줄어들수록 지급해야 하는 금액이 늘어나고, 연금은 그 반대의 포지션을 취하고 있기 때문에 상호 계약을 맺음으로써 각자 수명의 변화에 따른 위험을 회피하는 수단으로 사용됩니다.

산부채관리가 그 핵심이며, 가지고 있는 자산을 동적(dynamic)이며 불확정적(stochastic)으로 움직이는 다양한 금융상품의 포트폴리오로 구성하여, 미래 현금흐름 역시 동적이고 불확정적인 부채와 균형을 이루게 하는 것이 본질입니다. 즉, '불확실성하에서의 동적 의사결정(dynamic decision making under uncertainty)'이 바로 보험과 연금운용의 책무입니다.

# 뮤추얼펀드와 헤지펀드 운용 이해하기

보험과 연금을 제외한 영역 중 대부분을 차지하는 뮤추얼펀드나 헤지펀드 역시 운용의 본질은 보험이나 연금과 같습니다. 이들의 주된 고객이 바로 보험과 연금이기 때문입니다. 보험이나 연금기금운용자가 특정 자산군에 대해 전문가가 아니기에 포트폴리오를 구성할 때 주식이나 채권시장에 투자하기로 결정했다면, 이 금액을 해당 시장에 특화된 뮤추얼펀드나 헤지펀드에게 맡기고 특정한 벤치마크를 달성하도록 요청합니다. 예를 들어 국민연금에서 전체 포트폴리오 중 10%를 미국주식시장에 투자하기로 하였다면, 이 금액을 미국주식시장에 특화된 뮤추얼펀드나 헤지펀드에게 맡기되 S&P 500 지수나 Dow Jones Industrial Average 지수 등을 벤치마크로 설정하여, 이와 비슷하거나 또는 더 나은 수익률을 달성하는 것을 요구하게 됩니다.

따라서 뮤추얼펀드나 헤지펀드 매니저 입장에서 달성해야 하는 목표가 부채에서 직접적으로 도출되는 것은 아니지만, 설정된 벤치마크를 최대한 따라가야 한다는 점에서 운용은 보험이나 연금의 자산부채관리와 그 궤를 같이하게 됩니다. 헤지펀드 매니저라고 해서 무조건 수익이 날 것 같은 상품에 투자할 수 있는 것이 아닙니다. 이들도 고객과의 계약을 통해 정의된 책무(mandate)가 있으며, 투자할 수 있는 상품의 종류 및 위험의 정도가 엄밀하게 주어집니다.

결론적으로 자산운용은 순간적인 기지로 신의 한 수를 둬서 돈을 불리는 것이 그 본질이 아닙니다. 즉, 큰 수익을 냈더라도 이 투자가 고객과의 계약에 할 수 없는 것으로 정의되어 있다면, 이는 계약파기나 심지어는 소송으로까지 이어질 수 있는 엄중한 사안입니다. 자산운용산업에서 운용되고 있는 12경 원의 대부분은 미래에 부채를 갚기 위해 존재하는 금액이며, 더욱이 이 금액은 불확정적이며 동적인 수치입니다. 따라서 자산운용은 ① 그 자체로 불확정적이고 동적인 다양한 금융상품을, ② 조합하는 의사결정을 동적으로 수행하여, ③ 이를 부채 또는 벤치마크와 최대한 균형을 이루게 맞추는 행위를 의미합니다. 수학적으로 말한다면 자산운용은 추계적 프로세스(stochastic process)인 다수의 금융상품을 조합하여 역시 추계적 프로세스인 부채 또는 벤치마크와 균형을 이루게 하는 의사결정이며, 나아가 이 의사결정은 한 번에 끝나는 것이 아니고 지속적으로 이루어지며, 현재의 의사결정은 미래의 의사결정에 영향을 미치고, 미래의 의사결정 역시 현재의 의사결정에 영향을 받는 것을 감안하여 '최적의 동적 의사결정'을 하는 것이 바로 본질이자 핵심입니다. 따라서 필연적으로 고도의 산업공학적 기법들이 요구되지요.

# 금융산업에서 산업공학의 활약은 필연

산업공학은 전통적으로 제조산업에서 가장 많이 활용되어 왔습니다. 산업공학이 다른 공학 분야와 확연하게 다른 점은 상품을 만드는 것을 가능하게 하는 기술(enabling technologies)보다는 다양한 요소들이 서로 영향을 주고받는 복잡한 시스템을 운영하는 데 방점을 찍고 있다는 것입니다.

스마트폰의 예를 들어볼까요? 스마트폰 안에 들어가는 칩이나 회로를 만드는 것은 전기공학의 영역입니다. 디스플레이는 화학공학 또는 재료공학이 다루고 있으며, 운영체제는 전산학, 음성 통신이나 데이터 통신은 전자공학에서 가능케 합니다. 하지만 특정한 상품을 만들어내는 것이 가능해졌다고 해서 그것이 바로 '비즈니스', 나아가 '산업'이 되는 것은 아닙니다. 이를 위해서는 원자재로부터 부품들을 만들어내고, 이를 한곳에 이송시켜 조립을 하고 완제품으로 만든 후, 소비자가 사용할 수 있도록 다양한 유통 채널을 통해 상품을 배포하고, 품질관리를 실시하는 등의 다양한 과정이 원활하게 작동해야 합니다. 나아가 경쟁력을 확보하기 위해 이 모든 것이 최대한의 효율로 기능해야 합니다.

즉, 스마트폰이 몇 대가 팔릴지 여러 시나리오별로 예측하고, 이에 맞춰 조립공장에서 하루에 몇 대나 생산할지 결정해야 하며, 이를 바탕으로 AP, 메모리, 디스플레이, 카메라 모듈 등을 생산하는 부품업체의 납품량과 시점을 정하고, 운송계획을 결정해야 할 뿐 아니라, 조립공장에서 조립이 어떤 순서로 진행될지 공장 내의 라인을 디자인해야 하며, 작업자의 수 및 작업 스케줄을 계획해야 합니다. 또한 이 모든 과정에 있어서 부품 및 완제품이 요구되는 성능을 만족시키는지 끊임없이 품질관리를 실시해야 합니다. 심지어는 공장 내 인력과 물류의 흐름에 있어서 그 동선까지 최적화하여야 하지요. 물론 이 모든 과업은 불확실성을 필연적으로 내포하고 있으며, 내부의 상황이나 환경은 지속적으로 바뀌므로 의사결정은 반드시 이를 반영하여 동적으로 이루어져야 할 것입니다. 따라서 이 복잡하고 '시스템'적인 과업을 계획하고 실행하는 것은 고도의 공학적인 역량이 필요하며, 이것이 바로 산업공학의 역할입니다. 글로벌 시장에서 경쟁이 기본인 현재, 이러한 과업은 다양한 국가에서 동시에 실시되고 있으며, 제조업에서 공급망의 부가가치는 제조 이외의 부문에서 60~70% 이상 창출됨을 감안하면 산업공학이 얼마나 핵심적인 역할을 하는지 쉽게 이해할 수 있습니다.

재미있는 사실은 제조업에서 산업공학이 주로 해결했던 문제의 구조가 자산운용에서의 핵심적인 문제 형태와 매우 비슷하다는 것입니다. 앞서 언급된 문제를 극단적으로 간략화한다면 ① 불확정적이고 동적인 부품들의 공급계획을 잘

**그림 3-2. 전통적인 산업공학과 자산운용산업의 문제 구조**

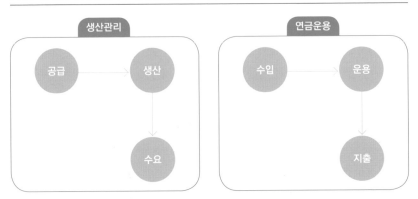

전통적인 산업공학에서 다뤄왔던 문제와 금융산업, 특히 자산운용산업에서 다루는 문제의 구조는 매우 유사하며, 산업공학의 전통기법들이 자산운용을 위해 굉장히 많이 사용되고 있습니다.

수립하여, ② 이를 바탕으로 효율적으로 좋은 품질의 완제품을 생산하고, ③ 궁극적으로 수요를 만족시키는 것이라고 볼 수 있습니다. 앞서 자산운용은 '① 그 자체로 불확정적이고 동적인 다양한 금융상품을, ② 조합하는 의사결정을 동적으로 수행하여, ③ 이를 부채 또는 벤치마크와 최대한 균형을 이루도록 맞추는 행위를 의미한다'고 하였습니다. 즉, 그림 3-2에 나타난 바와 같이 제조업에서 산업공학도 역할과 자산운용산업에서의 핵심적인 과업은 매우 유사하며, 문제 해결을 위한 공학적 접근 방법이 비슷할 수밖에 없습니다.

　이것이 바로 금융공학이 산업공학의 세부 분야가 된 이유입니다. 금융산업이 발전하면서 점차 고도의 공학적 접근법을 필요로 하는 문제들이 늘어났고, 이들이 그간 산업공학에서 오랫동안 다뤄왔던 문제들과 그 구조가 매우 유사하였기에 자연스럽게 금융공학이 산업공학 내에서 발전하게 된 것입니다. 산업공학의 필수 과목인 생산관리, OR, 공업통계, 물류관리, 신뢰성공학 등은 짧게 생각하면 자산운용산업 등의 금융산업과 전혀 관계가 없어 보이지만, 실제로는 많은 내용을 금융산업에 그대로 적용할 수 있습니다. 이러한 이유로 우리나라를 포함한 전 세계의 많은 산업공학과에서 금융공학을 핵심적인 커리큘럼에 포함시키고 있습니다. 전통적인 산업공학의 필수 과목을 공부한 학생들이 금융공학에 특화된 몇 개의 과목만 추가로 공부하면 제조업뿐 아니라 금융산업에서도 충분히 활약할 수 있는 역량을 동시에 갖출 수 있기 때문입니다. 산업공학도의 금융산업 진출은 우연이 아닌 필연입니다.

# 자산운용산업의 미래와 산업공학의 역할

최근 들어 자산운용산업에서 일어나고 있는 가장 눈에 띄는 경향은 '일반 대중을 위한 맞춤형 자산관리'를 위한 치열한 경쟁이 일어나고 있다는 점입니다. 핀테크(FinTech)의 주요 분야인 로보어드바이저(robo-advisor)가 이를 일반적으로 지칭하는 표현이지요.

전통적으로 자산운용산업은 매우 노동집약적인 산업이었습니다. 문제는 이러한 '노동력'은 고도의 교육 및 훈련과 장기간의 경험이 필수적으로 요구되기 때문에 서비스가 매우 고가일 수밖에 없다는 점입니다. 따라서 소수의 고액자산가 또는 연금이나 보험과 같은 기관 투자자만이 자산관리 서비스를 받을 수 있었지요. 실제로 조 단위의 자산이 있는 경우가 아니면 고액자산가라 하더라도 자산운용서비스의 비용을 감당할 수 없기에 여러 명이 모여 패밀리 오피스를 만들어 비용을 분담하는 것이 일반적입니다.

하지만 자산운용서비스는 부자가 아니라도 반드시 필요한 서비스입니다. 사람은 모두 나이가 들면 은퇴를 하게 되고, 그 이후에는 경제활동이 가능한 시기에 모아둔 자산으로 생활을 해야 합니다. 또한 자녀의 교육이나 결혼에도 비용이 들어가고, 건강 상태에 따라 의료비가 필요할 수도 있습니다. 나아가 장기간의 해외여행을 계획할 수도 있으며, 상황이 허락한다면 제주도에 별장을 소유하고 싶을 수도 있습니다. 이러한 목표를 달성하기 위해서는 저축을 어느 시점에 얼마나 해야 하며, 어떤 금융상품에 어느 비율로 투자하고, 어느 시점에 얼마만큼의 비용을 지출할 수 있는지 계획을 잘 세우는 것이 중요합니다. 사람마다 상황이 다르고 목표가 다르지만, 자산운용은 전문성을 필요로 하므로 개인이 직접 이런 계획을 세우는 것은 불가능한 일이기에, 필연적으로 개인화된 (individualized) 또는 맞춤형(customized) 자산관리서비스를 받아야 합니다. 즉, 자산운용은 연금이나 보험과 같은 거대기금만 필요로 하는 것이 아니며, 개인도 신중하게 장기간의 불확실성하에서의 동적 의사결정을 해야 한다는 점에서 반드시 필요한 서비스인 것입니다.

특히 노후빈곤율이 40%[8]가 넘는 우리나라의 경우 대중을 위한 맞춤형 자산관리는 사회복지 측면에서도 반드시 필요한 실정입니다. 물론 맞춤형 자산관리 서비스를 전 국민에게 제공한다고 하여 노후빈곤율이 0%가 될 리는 없을 것입니다. 절대적으로 수입이 없다면 저축이 있을 수 없기에 자산운용 자체가 의미가 없기 때문입니다. 하지만 정상적인 경제활동을 하는 사람의 경우, 상당한 수가 일생 동안 개인의 자산운용에 있어서 합리적이고 과학적인 의사결정을 할 수 있다면 그들이 노후 빈곤층으로 전락할 가능성을 크게 낮출 수 있을 것입니다.

다만 현재의 자산운용은 앞서 언급된 바와 같이 매우 고가의 서비스입니다. 따라서 '노동집약적'인 현재의 산업구조 때문에 높은 서비스 비용을 '기술'을 활용하여 낮출 수 있다면 일반 대중도 충분히 이용할 수 있을 것입니다. '로보어드바이저' 산업이 추구하는 것이 바로 이 방향입니다. 이제까지 자산관리는 대부분의 업무가 매니저의 개인적인 역량을 활용하여 이루어지는 것이었지만, 이 중 많은 과업을 자동화하면 좀 더 표준화되고 높은 품질의 서비스를 제공할 수 있

---

8  2023년 기준 우리나라 65세 이상 노후빈곤율은 40.4%로 OECD 회원국(평균 노후빈곤율 14.2%) 중 가장 높으며, 일본(20.0%), 미국(22.8%)의 두 배 수준입니다. 우리나라는 이미 선진국 대열에 들어섰음에도 불구하고, 은퇴한 노인의 40%는 인간적인 삶을 영위하기 위해 필요한 최소한의 자금도 없이 살아가야만 합니다.

을 것입니다. 즉, 기술을 통해 해결할 수 있는 문제는 자산관리 플랫폼을 통해 아주 낮은 원가로 해결하고, 기술이 할 수 없는 작업만을 사람이 수행한다면 서비스 단가가 낮아지고, 자산운용서비스를 이용하기 위해 요구되는 최소 금융자산이 지금보다 훨씬 내려가기에,[9] 서비스 제공업체 입장에서는 원가 절감과 함께 시장의 확대를 통한 매출 증진을 바랄 수 있고, 고객 입장에서는 비싸서 엄두도 내지 못했던 자산운용서비스를 쉽게 받을 수 있으며, 나아가 사회적으로는 잘못된 금융의사결정에 의한 빈곤층 확대를 막을 수 있기에 사회안전망이 강화될 수 있을 것입니다.

여기서 중요한 것은 개인을 위한 자산관리는 초과 수익을 내는 것을 목표로 하는 것이 아니라는 것입니다.[10] 개인을 위한 자산운용도 보험이나 연금의 운용과 다르지 않게 개인의 자산운용목표에 맞춰 포트폴리오를 동적으로 만들어내는 자산부채관리 의사결정이 그 핵심이 됩니다. 현재 미국, 일본 등의 선진국과 중국에서 활발하게 만들어지고 있는 로보어드바이저는 기존의 기관을 대상으로 한 자산부채관리 기반 자산운용서비스를 개인에게 제공하되, 기술을 활용하여 단가를 낮춤으로써 경제성을 확보하는 것이 핵심 비즈니스 전략입니다.

---

**9** 자산운용서비스의 비용은 맡기는 금액의 일정 비율로 책정됩니다. 따라서 어느 규모 이상의 자산을 맡기는 경우에만 서비스를 받을 수 있습니다. 일반적으로 미국에서 재무자문서비스(financial advisory service)를 받기 위한 최소 금융자산은 3억 원에서 10억 원 정도입니다. 하지만 로보어드바이저는 이를 0원에서 5,000만 원 정도로 획기적으로 낮췄습니다.

**10** 물론 차익투자자(arbitrageur)의 경우 무위험으로 큰 수익을 내는 것도 가능합니다. 하지만 같은 상품을 같은 시점에 싸게 사서 비싸게 팔아야만 하는 차익투자의 특성상 해당 전략에 투자를 많이 하게 될수록 수익이 낮아지고, 따라서 확장가능성(scalability)이 없게 됩니다. 즉, 차익투자는 운용 가능한 금액이 몇십억 원 내외로 매우 낮기에 조에서 경 단위를 다뤄야 하는 '산업으로서의' 자산운용에서 활용도나 중요성은 거의 없는 것과 다름없습니다.

# 금융산업과 인공지능

　인공지능(AI) 기술은 금융산업의 디지털 전환을 주도하고 있으며, 새로운 디지털 플랫폼의 시대를 열고 의사결정 과정을 향상시키고 있습니다. 금융의 다양한 측면에 걸쳐 인공지능 기술을 통합시킴으로써 운영을 간소화할 뿐만 아니라, 소비자에게 더 안전하고 효율적이며 개인화된 서비스를 제공하고 있습니다. 인공지능은 자동 고객 서비스, 사기 탐지 및 예방, 신용 평가, 혁신적인 결제 방식 등을 제공하며, 블록체인과 스마트 계약을 통해 투명하고 효율적인 거래 시스템을 구축합니다. 예를 들어 인공지능은 전통적인 신용 기록 외에 다양한 데이터를 분석하여 대출 결정을 내리고, 디지털 지갑과 실시간 결제 시스템을 통해 사용자 경험을 향상시킵니다. 최근에는 금융기관에서 개발되는 인공지능을 활용한 신용평가시스템, 의심거래 위험평가시스템, 금융특화 챗봇 등에 관한 연구가 대한산업공학회 학술대회에서 발표되고 있습니다.

　인공지능을 이용한 투자전략이라고 하면 다음 날 가치가 상승할 주식이나 암호화폐를 선별하는 기술이 떠오를 수 있으나, 앞서 설명했듯이 이는 디지털 혁신의 핵심으로 보기는 어렵습니다. 인공지능을 통한 금융자산의 수익률 예측과 학습은 확률분포의 비정상성(non-stationary) 등으로 인해 발생하는 어려움이 있습니다. 그리고 현재 인공지능 기술이 운전, 글쓰기, 작곡과 같은 인간의 다양한 능력을 학습하여 모방하고 있으나, 투자와 같은 분야는 본질적으로 인간에게도 도전적인 영역이라는 점에서 명확하게 구분됩니다. 그럼에도 불구하고 최근에는 인공지능이 주가 그래프를 인공신경망으로 학습하거나, ESG 분석을 진행하는 등 인공지능의 금융 분야 적용 범위가 점차 확대되고 있습니다. 자산운용산업에서는 고수익 투자전략이 아닌 자동화, 개인화 서비스를 위해 인공지능이 지속적으로 개발되고 있습니다. 로보어드바이저 시장은 2015년부터 2022년까지 연평균 1.6배 이상 성장하였고, 앞으로도 매년 약 1.2배씩은 성장할 것으로

그림 3-3. 로보어드바이저 총운용자산

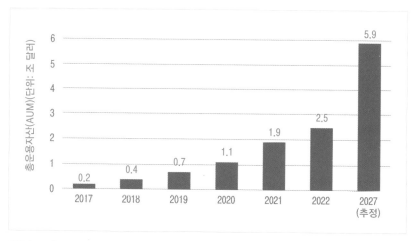

출처: https://www.pwc.com/gx/en/issues/c-suite-insights/the-leadership-agenda/ai-and-wealth-management-a-new-era.html

예상됩니다. 산업공학이 시스템 효율성을 극대화한다는 장점이 있어, 이를 바탕으로 금융 분야에서 산업공학의 역할은 앞으로 지속적으로 확대될 것으로 기대됩니다.

# 금융 vs 금융공학

이쯤에서 경제학에서 공부하는 금융과 산업공학 내부의 금융공학의 차이에 대해서 궁금해하는 사람이 있을 것 같습니다. 간단하게 답을 하자면 이 둘의 관계는 물리학자와 기계공학자의 관계와 비슷합니다. 우주의 물리적 법칙을 탐구하고 이해하는 것은 물리학자의 역할입니다. 하지만 이러한 물리적 지식을 바탕으로 현실에서 로봇을 만들어내는 것은 공학도가 할 일이지요. 경제학과 금융공학도 마찬가지입니다. 금융 자체나 금융시장을 탐구하고 이해하는 것은 금융경제학의 역할입니다. 하지만 현실의 산업에서 다양한 상품이나 서비스를 가능케 하는 것은 금융공학의 영역입니다. 이런 이유로 이미 많은 산업공학도들이 자산운용산업을 포함한 금융산업에서 국제적으로 큰 활약을 하고 있고, 금융산업이 고도화될수록 산업공학의 수요는 늘어날 것입니다.

# 금융공학은 도전해 볼 만한 영역

우리는 모두 오랫동안 건강하게 살기 위해 노력합니다. 하지만 동시에 우리 모두는 자신의 생이 언제든 끝날 수 있다는 가능성을 인지하고 있습니다. 무소불위의 권력을 가졌던 진시황이 그토록 찾아 헤맸던 불로초가 존재하지 않는다는 사실을 2,500년 후의 미래를 사는 우리들은 아주 당연히 받아들이지요. 염증을 치료하는 약이 있고, 전염병을 예방하는 약이 있으며, 심지어는 암을 치료할 수 있는 약도 있지만, 우리를 영원불멸의 존재로 만들어줄 만병통치약 따위는 없습니다. 우리가 할 수 있는 것은 몸에 좋은 음식을 먹고, 적당히 운동을 하며, 필요한 경우 적정량의 약을 먹는 등 건강에 도움이 되는 생활 습관을 추구하는 것입니다.

따라서 우리는 의료 전문가, 즉 의사의 조언을 구하고, 또 이를 이행하기 위해 노력합니다. 우리는 모두 자신의 건강 상태에 따른 좋은 생활 습관을 알기 위해서 또는 특정한 병을 예방하고 치료하기 위해서 전문가인 의사의 진료를 받고 생활 습관이나 약의 처방을 받습니다. 실제로 우리나라에서는 전 국민을 대상으로 '생애전환기 건강진단' 서비스를 제공하고 있습니다. 따라서 모든 국민 중 영원불멸의 존재가 되는 것을 기대하는 사람은 없습니다. 다만 전문가의 조언을 통해 현재 자신의 상태를 이해하고, 이에 맞는 생활 습관을 찾고, 필요하다면 적절한 약을 사용하여 가능한 건강하게 오래 살 수 있는 확률이 높아지기를 바랄 뿐입니다.

자산운용산업도 마찬가지입니다. 아무리 최선의 선택을 한다고 하더라도 미래의 결과는 그 누구도 장담할 수 없는 것입니다. 하지만 좋은 의사결정은 미래의 금융 안정성을 향상할 가능성을 높여준다는 사실 역시 자명합니다. 문제는 좋은 의사결정을 도출하는 것은 굉장히 고도의 전문성이 필요한 일이라는 것입니다. 이는 건강을 유지하기 위해 의사의 도움을 받는 것처럼, 자산운용을 통한 금융 안정성을 추구하기 위해 전문가의 도움을 받는 것이 필수적인 이유입니다. 이러한 맥락에서 현재 자산운용산업에서 가장 뜨거운 주제는 '기술'을 통해 모든 사람이 '개인별 금융 주치의'를 소유할 수 있도록 만드는 것입니다. 개인의 상황을 인지하여 자산운용목표를 설정해 주고, 이를 달성할 수 있도록 지속적인 의사결정을 해주는 것이 바로 그것입니다.

불로초나 만병통치약이 존재하지 않는 것처럼 자산운용산업에서도 '항상 돈을 버는 전략' 따위는 존재하지 않습니다. 다만 특정한 상황에서 특정한 목표의 달성 가능성을 높여주며, 동시에 위험을 낮추는 상품이나 전략은 존재합니다. 따라서 이러한 전략이나 금융상품의 포트폴리오를 다양한 목표와 균형을 이루게끔 최적으로 구성하고, 시간이 흐르면 바뀔 수 있는 개인 상황이나 시장 상황에 맞게끔 의사결정을 동적으로 변경시키는 것이 바로 '금융 주치의'가 해야 할 일입니다. 바로 이 점이 뮤추얼펀드나 헤지펀드가 항상 초과수익이 발생하지 않더라도 반드시 필요한 이유입니다. 항생제는 염증에, 타미플루는 독감에 사용하는 것처럼 뮤추얼펀드나 헤지펀드는 '금융 주치의'가 필요한 상황에 따라 처방하는 '약'과 같이 사용되기 때문입니다. 불로불사가 불가능함이 자명한 것처럼 모든 사람이 자산운용을 통해 부자가 되는 것은 불가능한 일입니다. 하지만 개개인이 달성해야 하는 자산운용목표를 설정하고, 이를 달성할 확률을 높일 수 있도록 하는 것은 가능한 일이며, 국가의 사회안전망 강화라는 측면에서도 생애 전환기 건강진단처럼 반드시 필요한 일입니다.

제조업에서 다른 공학 분야가 '제약(製藥, phamaceuticals)'의 역할, 즉 제품을 가능하게 하는 기술(enabling technology)을 만드는 일을 했다면, 산업공학은 이를 적절히 조합하여 처방하는 '의사'의 역할을 성공적으로 수행해 왔습니다. 이는 산업공학이 제조공학이라고 불리는 이유이기도 합니다.

자산운용산업 역시 산업공학과 비슷한 역할을 수행해 왔습니다. 금융시장 자체를 이해하는 것은 경제학의 영역이지만, 산업적으로 이를 활용하여 기관 또는 개인에게 개별화된 처방을 해주는 것은 산업공학이 크게 기여한 분야입니다. 현재의 자산운용산업에서 국제적 트렌드를 살펴보면 '제약사'보다는 '개인별 금융 주치의'의 역할이 점차 중요해지고 있고, 산업공학이 그동안 크게 활약을 해왔으며, 이는 앞으로 더 큰 활약을 할 수 있는 분야입니다.

자명한 사실은 자산운용산업에서 '개인별 금융 주치의'가 되거나 또는 로보 어드바이저와 같이 개인별 금융 주치의를 '플랫폼화 및 자동화'하는 과업에는 산업공학의 전통적 방법론이 그대로 활용될 수 있기에, 산업공학도로서의 정체성을 유지하면서 금융시장 및 자산운용산업에 대한 이해를 키워가는 것이 해당 산업에서 경쟁력을 확보할 수 있는 길이라는 것입니다. 쉬운 일도 아니고, 또 해야 할 것도 많지만, 비즈니스적·산업적 함의를 넘어 사회안전망 강화에도 기여할 수 있는 일인 만큼 금융공학은 산업공학도라면 한 번쯤 일생을 걸고 도전해 볼 만한 영역입니다.

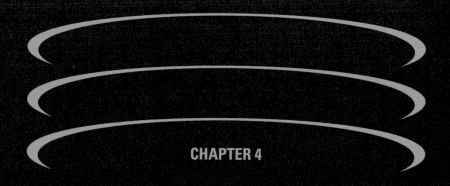

CHAPTER 4

# 기술경영
## 기술을 활용하여 고객의 가치와
## 기업의 이익을 창출하는 '기술경영'

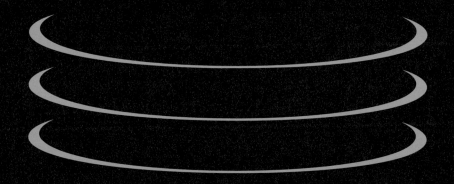

**이희상**
성균관대학교 시스템경영공학과 교수

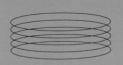

기술경영은
개발이나 확보를 통해 기술을 상품에 구현시켜
고객의 가치를 높이고
기업의 이익을 얻는 것을 목표로 합니다.

산업공학이 산업시스템을 구성하는 모든 분야를 조화롭게 지휘하고 조절하는 관리방법을 배우는
학문이라고 정의하듯이, 기술경영에서는 산업시스템 중 기술과 신상품 개발의 성공을 위해 필요한
관리방법을 배웁니다. 이 장에서는 다양한 사례를 통해 기술경영에서 다루는 4가지 질문과 5가지
분야를 중심으로 기술경영에 대해 알아봅니다.

# 기술은 상품이란 구슬에 꿰어져
# 잘 팔려야 보배가 된다

1998년 3월 독일 하노버에서 열린 세계적인 정보통신박람회 CeBIT에서 우리 나라의 벤처기업인 디지털캐스트가 개발한 '엠피맨(MPMan) F10'이란 전자제품 이 공개되었습니다. 그 후 우리나라의 새한정보시스템이 디지털캐스트의 개발을 이어받아 엠피맨을 세계 최초의 MP3 플레이어로 상용화했지만, 사업적으로 큰 성공을 거두지 못하고 결국엔 회사가 부도가 나면서 시장에서 퇴출됩니다. 엠피 맨에 자극받아 뒤늦게 시장에 진입한 소니(Sony), 델(Dell), 필립스(Philips), 삼성 전자, 아이리버(Iriver) 등의 수많은 경쟁회사들이 서로 다른 디자인과 기능을 가 진 MP3 플레이어로 치열하게 경쟁하였지만, 2001년 10월 애플(Apple)이 아이팟 (iPod)을 출시하면서 시장이 평정됩니다. 이처럼 엠피맨을 통해 가장 먼저 기술을 개발하였어도 고객에게 환영받지 못한다면 제품과 기업이 실패할 수 있다는 것 을 볼 수 있습니다.

넷플릭스(Netflix)는 인터넷을 통해 스트리밍 기술을 사용하여 동영상 서비

**그림 4-1. 새한의 엠피맨**

**그림 4-2. 애플의 아이팟**

출처: https://www.flickr.com/photos/92335212@
N04/8445395085

스를 제공하는 비디오 스트리밍 서비스 분야의 1위 기업입니다. 2022년 기준으로 넷플릭스는 전 세계에 2억 3천만 명의 가입자를 보유하고 있고, 매출액이 전 세계 영화관의 매출액을 능가하고 있습니다. 넷플릭스는 처음에 우편으로 영화 DVD를 개별 주문하는 서비스로 출발하여, 그 후에는 월정액을 지불하고 스트리밍으로 시청하는 서비스로 발전시켜 시장을 확대하였습니다. 넷플릭스가 동영상 시장의 1등 기업이 된 것은 인터넷을 통한 비디오 스트리밍 서비스를 제공하기 시작하면서부터입니다. 넷플릭스는 이미 시장에 나와 있던 비디오 스트리밍 기술을 사용했고, 아마존(Amazon)보다 1년 늦게 비디오 스트리밍 서비스를 시작하였지만, 다양한 경쟁전략을 구사하여 2013년 9,000여 개의 체인점을 갖고 있던 미국 최대의 오프라인 비디오 대여업체인 블록버스터를 폐업시키고 아마존 프라임(Amazon Prime), 훌루(Hulu), 디즈니 플러스(Disney Plus) 같은 경쟁회사들에 앞서게 됩니다. 넷플릭스는 단순히 스트리밍 기술만 사용하여 세계인이 동영상을 보는 방식을 바꾼 것은 아닙니다. 이들은 고객의 취향을 분석하는 기술, 인터넷 속도에 맞춘 동영상 제공 기술, 오리지널 콘텐츠 및 외부 제작자들과의 협력 전략 등 다양한 기술개발과 경영전략을 통해 고객이 만족하는 서비스를 제공할 수 있었기 때문에 동영상 서비스 시장을 지배하게 된 것입니다. 넷플릭스 역시 애플처럼 기업이 첨단기술만을 강조하거나 가장 먼저 서비스를 제공하는 것이 성공의 절대조건이 아님을 보여줍니다.

왜 엠피맨과 아마존 프라임은 먼저 개발하거나 더 훌륭한 기술로도 시장에서 성공하지 못한 것일까요? 여러분이 기술경영을 공부하고 나면 기술이란 그 자체만으로 존재의 의미가 있는 것이 아니라, 기술이 상품 속에 구현되어 그 상품이 많이 팔릴 때 비로소 성공으로 간주된다는 것을 알게 됩니다. 즉, 기술은 개발하는 것 자체가 목적이 아니라 상품이나 공정에 녹아들고 이를 통해 판매되고 사용되면서 고객의 가치를 실현할 때 그 사명을 다하는 것입니다. 산업공학의 한 분야인 기술경영은 이와 같이 '기술을 적기에 개발하여 적절한 상품에 구현해서 잘 판매하여 고객가치를 실현하기 위해' 필요합니다.

# 기술경영의 4가지 질문과 5가지 분야

앞서 우리는 기술경영이 기술을 적기에 개발하여 적절한 상품에 구현하여 잘 판매하기 위한 학문이라고 배웠습니다. 따라서 기술경영은 다음과 같은 4가지 질문과 그 질문에 답하는 5가지 분야로 구성된 학문입니다.

- **When(언제)?**

"개발하려는 기술과 시장의 미래는 어떻고 우리 기업이 준비해야 하는 시기는 언제인가?"

'기술기획'은 이 질문에 답하는 분야입니다.

- **What(어떤 기술을)?**

"경쟁회사를 이기기 위해서 무슨 기술을 개발하고 어떤 경쟁력을 강조하여 승리할 것인가?"

'기술전략'은 이 질문에 답하는 분야입니다.

- **How(어떻게)?**

"기술과 상품을 개발하기 위해 비즈니스 생태계 내의 다른 조직들과 어떻게 협력하고, 개발한 기술은 지식재산권을 통해 어떻게 보호할 것인가?"

'기술협력'과 '기술보호'는 각각 이러한 질문에 답하는 2개의 분야입니다.

- **Which(어떤 가치를)?**

"개발된 기술을 이용한 상품개발을 통해 고객의 어떤 가치를 실현할 것인가?"

'상품개발관리'는 이 질문에 답하는 분야입니다.

**그림 4-3. 기술경영의 4가지 질문과 5가지 분야**

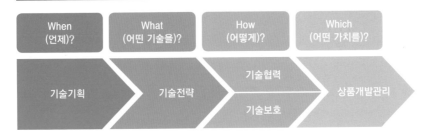

이는 그림 4-3과 같이 도식화될 수 있습니다.

앞에서 살펴본 엠피맨의 경우 '기술기획' 관점에서는 너무 일찍 시장에 진출하여 연구개발비가 지나치게 많이 들었고, '기술전략' 측면에서 살펴보면 MP3 기기의 가장 중요한 부품인 저장장치로 당시에는 너무 비싼 플래시 메모리를 사용하여, 후발 주자들이 더 저렴하고 고용량인 하드디스크를 사용하는 것에 비교해 경쟁력이 약했다고 평가됩니다. 또한 벤처기업인 디지털캐스트가 기술개발을 담당하고 당시 우리나라 재계 20위 규모의 대기업이던 새한그룹의 계열사인 새한정보시스템이 생산하였으니 처음부터 '기술협력'을 수행하였다고 평가할 수 있습니다. 하지만 '기술보호' 관점에서 엠피맨은 MP3 플레이어의 원천기술을 효과적으로 보호하지 못하여 다른 기업들이 이를 도용하였고, 이에 대해 특허소송을 제기하였지만 효과가 거의 없었습니다. '상품개발관리' 측면에서는 제품 디자인과 사용자 편이성 측면에서 약점이 많이 지적됩니다. 이와 같이 기술경영 관점으로 살펴보면 훌륭한 기술을 제일 먼저 상용화하고도 성공하지 못한 기업의 실패 원인이 잘 설명됩니다. 다음 절부터는 기업이 고객의 가치를 실현하고 이를 통해 이익을 거두려면 어떻게 기술경영을 활용해야 하는지를 살펴보겠습니다.

# 기술기획: 미래의 예측과 준비

기술기획은 "개발하려는 기술과 시장의 미래는 어떻고 우리 기업이 준비해야 하는 시기는 언제인가?"라는 질문에 답하는 주제입니다. 이를 위해 미래를 예측하는 일이 먼저 필요합니다. 예를 들면 다음과 같이 미래를 예측하는 질문이 언론이나 기업의 임원 회의에 많이 등장합니다.

- 인류는 언제 암을 정복하는 의료기술을 확보할 수 있을까?
- 우리나라 도로에서 완전 자율자동차 주행이 가능한 것은 언제부터일까?
- 향후 10년간 우리나라의 챗GPT 사용자는 얼마나 증가할까?
- 내년 미국 시장에서 전기차의 시장점유율은 얼마나 될까?
- 2040년 인공지능을 사용한 동영상 제작 기술의 수준은 얼마나 될까?
- 2035년 태양전지의 효율과 경제성은 얼마나 될까?
- 2030년 반도체 칩 생산에서 가장 집적도를 높일 수 있는 기술적 대안은 무엇일까?

성공적인 기술경영을 위해서 기술의 시기, 수준, 보급 정도 등을 가능한 한 정확히 예측해야 합니다. 기술예측을 위해서는 다양한 학문과 기법이 사용됩니다. 예측에는 수학, 통계학, 컴퓨터공학, 빅데이터 기술 등 이공계 학문이나 과학적 기법도 사용하지만 전문가 인터뷰, 포커스 그룹 토론, 설문조사 등 사회과학적 기법도 함께 사용됩니다. 또한 미래 과학기술의 수준을 알기 위해서는 합리적 가정과 판단을 체계적으로 수행하는 시나리오 기법이라든가, 그리스 델파이(Delphi) 신전에서 사제들이 국가의 장래를 신에게 물어본 것을 흉내 내어 전문가들에게 충분한 자료를 제공하고 심사숙고를 요청하는 델파이 방법 등도 사용됩니다.

경영자는 예측이 맞기를 기다리는 것이 아니라, 예측이 얼마나 정확히 실현되는지를 살펴보고 예측을 수정할 필요가 생기면 적절한 수정을 거쳐 자신들이 준비하고 계획한 일을 충실하게 수행하도록 노력해야 합니다. 즉, 기술기획은 예측과 전망에 머무르지 않고 체계적인 계획과 구체적인 실천전략을 같이 준비해야 합니다. 발명왕으로 알려진 에디슨(Edison)의 경우 필라멘트를 오래 사용하는 기술개발을 통해 백열등을 발명한 것보다는, 사업가 관점으로 백열등의 경제성 및 효율성을 그 당시의 경쟁 상품인 가스등과 비교·분석하고, 이를 바탕으로 자신이 개발한 백열등을 성공시키기 위해 필요한 기술과 상품의 기획, 나아가 신사업까지 계획한 것으로 더 높게 평가받고 있습니다. 즉, 에디슨은 백열등을 발명하여 시장에 내놓은 단순한 발명왕이 아니라, 경쟁기술인 가스등과 비교해 백열등이 가정의 조명기구와 가로등에 보급되려면 당시 뉴욕 지역에 어떤 규모의 발전시설과 송배전 시스템이 필요한지를 계획하고 분석하여 공격적인 경쟁을 통해 가스등을 밀어내고 전기조명 시대를 시작한 능력 있는 기업가였습니다. 현재 세계적 기업인 제너럴일렉트릭(GE)은 바로 에디슨이 이때 설립한 '에디슨 전기조명 회사(Edison Electric Light Company)'에서 출발하였습니다.

미래가 항상 예측처럼 정확히 실현되는 것은 아니므로 기술기획은 융통성과 적응성을 갖는 것도 중요합니다. 여러분의 책상에 하나쯤은 있을법한 다시 쓸 수 있는 접착식 메모지인 '포스트잇(Post-It)'은 쓰리엠(3M)이라는 회사에 근무하던 화학자 실버(Silver) 박사가 1968년에 발명하였습니다. 그는 처음에는 항공기 제작에 쓸 강력한 접착제를 개발 중이었지만 설계와는 달리 접착력이 약하고 끈적이지 않는 물질을 개발했고, 의도한 제품개발에는 실패하였지만 독특한 특성에 주목하여 여러 번의 사내 세미나 개최를 통해 포스트잇의 상품화 아이디어를 모색하였습니다. 이 세미나에 참석한 다른 사업 부문의 프라이(Fry)라는 직원이 자신이 주말에 교회 성가대 활동을 할 때 찬송가 책에 책갈피로 쓰면 안성맞춤이겠다는 아이디어를 제시하였고, 이에 따라 상품으로 출시하는 데 성공합니다. 이후 포스트잇은 50년이 넘는 세월 동안 쓰리엠의 히트 상품이 되었습니다. 제약회사인 화이자(Pfizer)의 연구원들 역시 고혈압과 협심증 치료를 타깃으로

그림 4-4. 쓰리엠의 포스트잇          그림 4-5. 화이자의 비아그라

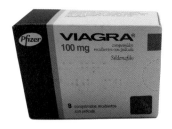

약물을 개발하였지만, 임상실험에서 타깃 질환에는 효과적이지 못하고 오히려 일련의 부작용이 발생하는 것을 발견합니다. 하지만 연구원들은 이런 부작용에 주목해서 자신들이 개발한 약물을 발기부전 치료제로 개량합니다. 그 결과 비아그라(Viagra)는 연 2조 원 이상의 매출을 올리는 대박 상품이 됩니다. 이처럼 기술기획은 시장과 소비자가 원하는 기능을 단순하게 속단하지 않고 유연하고 폭넓게 바라보면 의외의 성공을 달성할 수도 있습니다.

## 기술전략: 경쟁에서 승리하기 위한 현명한 책략

모든 유망 상품과 사업에는 경쟁이 따릅니다. 따라서 모든 기업은 "경쟁회사를 이기기 위해서 무슨 기술을 개발하고 어떤 경쟁력을 강조하여 승리할 것인가?"라는 질문에 답하는 주제인 기술전략이 필요합니다. 원래 전략이란 단어는 '전쟁에서 효과적인 군대조직과 무기체계 운영으로 적국을 이기는 책략'이란 뜻을 가지고 있는데, 자본주의 시장경제에서는 기업 간 경쟁에서 무기 대신에 상품을 가지고 시장경쟁에서 승리하기 위한 방법이 되었습니다. 따라서 기술전략이란 시장경쟁에서 잘 팔리는 상품을 만들 수 있는 기술을 갖추고 승리하기

위한 현명한 책략입니다.

최근 가장 인기 있는 개인 상품 중 하나가 스마트폰입니다. 스마트폰의 경쟁을 통해 기업들은 각각 어떤 기술전략을 구사하고 있는지 살펴보겠습니다. 스마트폰인 애플의 아이폰과 삼성전자의 갤럭시는 가장 인기 있는 탑 2 상품이고, 둘 사이의 경쟁은 치열합니다. 이들의 경쟁 역사는 2007년 6월 출시되어 스마트폰이라는 제품을 대중에게 본격적으로 제공한 아이폰에 대항해 삼성의 제품이 처음 출시되는 2009년 6월부터 시작되었습니다. 초기에는 시장에서 아이폰의 인기가 압도적이었지만, 삼성전자의 꾸준한 제품 개선 노력으로 2011년부터 판매량에서 삼성전자가 애플에 앞서기 시작하고 치열한 경쟁이 전개되었습니다. 이들은 1~2년마다 바뀌는 새 모델에서 경쟁회사가 가지지 못한 기능을 제공하거나, 소비자들이 필요로 하는 기술을 탑재하는 식으로 경쟁하고 있습니다. 즉, 애플은 초기에 뛰어난 디자인, 간결한 유저인터페이스 기술, 아이튠즈를 통한 콘텐츠의 우위 등으로 앞서 나갔고, 이후에 아이패드 등 상품계열 확장과 화면 대형화 등 상품 고급화 전략을 통해 이익 측면에서 우세를 유지하고 있습니다. 반면에 삼성전자는 좀 더 기술에 집중하여 에지 디스플레이 기술, 무선충전 기술, 방수 기술, 홍채인식 기술, 100배 줌 렌즈, 폴더블 폰, AI 기능 탑재 등으로 첨단 제품임을 강조하여 매출 측면에서 시장점유율을 높이고 있습니다. 하지만 최근

**그림 4-6. 애플의 아이폰**

**그림 4-7. 삼성전자의 갤럭시 폴더폰**

에는 샤오미(Xiaomi), 룽야오(Honor), 비보(Vivo), 오포(Oppo), 화웨이(Huawei) 등 저렴한 가격과 빠른 기술 추격 전략을 펼치고 있는 중국 기업들의 성장으로 애플과 삼성전자의 시장 지배력이 약화되고 있고 스마트폰 시장 우위를 차지하기 위한 기술전략 양상은 더욱 복잡해지고 있습니다.

기술전략은 기존 경쟁사와의 경쟁을 위해서도 필요하지만, 혁신적인 기술을 개발하여 새로운 제품을 먼저 출시해 다른 경쟁사들을 따돌리는 데에도 필요합니다. 2022년 11월 OpenAI라는 조직에서 챗GPT(ChatGPT)를 개발한 것은 알파고가 이세돌과 바둑을 두어 승리한 2016년 사건 이상으로 인공지능 기술의 혁명으로 받아들여집니다. 챗GPT는 사람과 채팅 형식으로 생성된 텍스트를 기반으로 사용자의 질문에 답할 수 있을 뿐만 아니라 기사, 콘텐츠, 코드 등을 스스로 작성할 수 있는 기술로 'AI 챗봇' 또는 '대형 언어 모델(LLM, Large Language Models)'이라고 불립니다. 이후 1년 남짓한 기간 동안 거대 IT 기업들은 앞다투어 표 4-1과 같은 AI 기반 대형 언어 모델을 선보이고 있고, 이들의 경쟁은 치열

**표 4-1. 글로벌 LLM의 경쟁 현황**

| 모델/기술 명칭 | 개발 조직 | 개발 시기 | 특징 및 관련 기술 전략 |
|---|---|---|---|
| 챗지피티 (ChatGPT) | 오픈AI(OpenAI) 개발, 마이크로 소프트 지원 | 2022년 11월 | 독점적인 학습 데이터와 MS Bing에서 가져온 결과를 혼합하여 활용 |
| 코파일럿 (Copilot) | 마이크로소프트 (Microsoft) | 2023년 2월 | MS Bing 검색 엔진의 AI 기반 버전으로 GPT-4를 기본 언어 모델로 사용 |
| 제미니 (Gemini) | 구글(Google) | 2023년 3월 | 공개 웹과 구글의 앱 및 서비스에서 가져온 학습 데이터 사용 |
| 라마(LLaMA) 2 | 메타(Meta) | 2023년 7월 | 최대 700억 개의 파라미터를 지원하며 연구 및 상업적 용도는 무료 |
| 엑사원 (EXAONE) 2.0 | LG | 2023년 7월 | 특허/논문 등 전문문헌 4,500만 건 및 이미지 3억 5천만 장 학습 |
| 하이퍼클로바 (HyperCLOVA) X | 네이버 | 2023년 8월 | GPT-3.5 대비 한국어 학습량 6,500배로 한글 처리에 특화 |
| 코지피티 (KoGPT) 2.0 | 카카오 | 2024년(계획) | 금융비서 등 활용 모델을 강조 |

합니다. 이러한 다양한 LLM은 인간 생활의 여러 측면을 혁신시킬 전망이고, 이러한 경쟁에서 이기기 위해 경쟁사들은 각자 고유한 기능과 사용 사례를 제시하고 있습니다. 즉, 어떤 LLM은 일반인들이 검색에 사용할 것을 염두에 두고, 어떤 챗봇은 특정 산업에서의 사용에 초점을 맞추는 등 서로 다른 기술전략을 사용하고 있습니다.

# 기술협력: 다른 조직과 협력을 통한 기술과 상품의 개발

기술협력이란 "기술과 상품을 개발하기 위해 비즈니스 생태계 내의 다른 조직들(재료/부품 공급자, 유통업자, 보완재 공급자, 공공연구소, 대학 등)과 어떻게 협력하는가?"라는 질문에 답하는 주제입니다. 그레이엄 벨이 전화기를 발명하거나 스티브 잡스가 1~2명의 동료와 함께한 발명을 통해서 기술을 개발하고 상품화하여 고객의 가치와 기업의 부를 창출하던 시절도 있었습니다. 하지만 현대에 들어와 기술이 복잡해지면서 기술혁신을 1명의 발명가 또는 소수의 사내 개발자로 구성된 1개의 조직이 수행하기보다는 수행 조직의 경계를 개방하는 개방형 혁신(open innovation)이 효과적이라는 사실이 많은 사례에서 발견되고 있습니다.

예를 들면 앞서 살펴본 아이팟이 MP3 플레이어 시장을 지배한 것은 디자인도 좋았지만 좋은 콘텐츠 확보를 위해 풍부한 음원 제공기업을 개방형 혁신의 파트너로 확보하였기 때문이었다고 평가됩니다. 즉, 애플은 MP3 플레이어 시장은 종전의 LP 레코드판, 카세트 테이프, CD 등 물리적 매체나 이를 재생하는 기기를 판매하는 것이 아니라 아이팟 기기를 판매하되, 기기에 담기는 음원에 대해서는 음반회사들이 지배력이 있다는 것을 인식한 것입니다. 따라서 애플은 아이팟을 구매한 고객들이 4.5 cm 하드디스크에 담을 음원을 구매하기 위해서는 다양한 음원을 합법적으로 저렴하게 검색하고 구매할 수 있는 온라인 플랫폼을 구축하는 것이 하드웨어 자체의 경쟁력 이상으로 중요하다고 판단했습니다. 그 결과 애플은 2001년 10월 노래 1,000곡을 담을 수 있는 5 GB 용량의 아이팟 출시와 함께 아이튠즈(iTunes)를 통해 음악 콘텐츠 거래 시장을 개설하고 당시 미국의 5대 메이저 음반사를 모두 입점시켜 1곡당 99센트의 단일가 제공을 통해 아이팟의 폭발적 판매를 촉진합니다. 아이튠즈 이전의 MP3 플레이어 제조사들의 경우 고객에게 필요한 음원 소스가 미국의 넵스터(Napster), 우리나라의 소리바다 등 저작권 논란이 있는 사이트이거나 이니면 합법적인 사이트라도 사이드 운영자가 매출액의 대부분을 차지하는 구조였습니다. 반면에 애플은 아이튠즈에서 발생하는 1곡당 99센트 매출의 대부분인 70센트를 음원 제공사에 지불하는 비즈니스 생태계 모델을 통해 시장 지배력을 확대하였습니다. 아이튠즈의 개방형 사업모델은 이후에 아이팟보다 더 큰 시장인 아이폰 사업에도 적용되어 현재 애플의 사업 플랫폼이 되었음은 여러분들도 잘 알 것입니다.

또 다른 기술협력의 사례는 좀 더 과격한 형태, 즉 인수합병(M&A) 형태를 가지기도 합니다. 2003년 에버하드(Eberhard)라는 벤처기업가는 내연기관 자동차회사인 GM에서 전기차 EV-1을 개발한 후 에이씨 프로펄전(AC Propulsion)이란 벤처를 창업한 엔지니어 코코니(Cocconi)의 도움으로 전기자동차의 선두 주자인 테슬라(Tesla)를 창업하고 티제로(tZero)라는, 당시에는 혁신적인(3.6초 만에 시속 60마일 도달, 1회 충전으로 300마일 이상 주행 가능) 성능의 리튬이온 배터리 기반의 프로토타입 모델을 개발합니다. 하지만 치솟는 개발비 부담에 페이팔(PayPal)을 15억 달러에 매각하고, 스페이스X(SpaceX)라는 우주선 개발 사업 등을 전개하고 있던 머스크(Musk)의 투자를 유치하면서 테슬라는 머스크의 회사로 변화됩니다. 이후 머스크는 전기차의 빠른 가속 특성을 잘 반영하는 스포츠카를 첫 대량 생산 모델로 잡고, 당시 가벼운 스포츠카 전문업체인 로터스(Lotus)의 공장에서 생산하는 협력 시스템을 구축하여 2008년에 테슬라 로드스

**그림 4-8. 애플의 아이튠즈**

**그림 4-9. 테슬라의 모델 3**

터(Tesla Roadster)를 출하합니다. 이후 테슬라는 벤츠(Benz), 토요타(Toyota), 파나소닉(Panasonic) 등 기존 내연기관차 회사나 배터리 회사들에서 투자를 유치하고 생산기술을 이전받거나 전기차 파워트레인 또는 배터리를 공동개발하는 협력을 통해 자신들의 역량을 확대해 왔습니다. 그 결과 2008년 고성능 전기차인 모델 S, 2015년 7인승 SUV인 모델 X, 2016년 중형 승용차인 모델 3, 2020년 중형 승용차인 모델 Y 등을 잇따라 발표하면서 전기차 제품 라인을 완성하고, 2023년 기준 전 세계 전기차의 선두 주자로 부상하였습니다.

## 기술보호: 지식재산권을 통한 이익 확보

기술보호란 "개발한 기술은 지식재산권을 통해 어떻게 보호할 것인가?"라는 질문에 답하는 주제입니다. 기업은 적정한 수단을 통해 자신이 개발한 기술을 어디까지 보호할지를 결정해야 합니다. 지식재산권이란 인간의 지적활동으로 발생한 정신적·무형적 결과물에 대하여 법적으로 보호되는 모든 권리를 의미하며, 산업재산권, 저작권, 신지식재산권으로 구분됩니다. 기술보호의 수단으로 가장 널리 사용되는 산업재산권에는 특허권, 실용신안권, 상표권, 디자인권 등이 포함됩니다.

가장 대표적인 기술보호 수단인 특허권은 신기술을 통한 발명을 보호 및 장려함으로써 산업의 발전을 도모하기 위한 제도입니다. 즉, 특허는 발명에 대해 일정한 요건하에서 유효기간(통상 20년) 동안 독점적이고 배타적인 권리를 부여하고, 그 대신 특허 발명의 상세한 내용을 특허공보를 통해 공개해야 합니다. 특허권은 크게 물품 자체에 대한 발명(물질 특허), 그것의 용도에 대한 발명(용도 특허), 그것을 만드는 방법에 대한 발명(제법 특허) 등으로 나누어집니다. 특허권을 받기 위해서는 출원하는 발명을 산업에 이용할 수 있어야 하며(산업 이용가능성), 출원하기 전에 이미 알려진 기술이 아니어야 하고(신규성), 선행기술과 다른 것이라 하더라도 그 선행기술로부터 쉽게 생각해 낼 수 없는 것이어야 함(진보성) 등을 입증해야 합니다. 한편 컴퓨터 프로그램, 소프트웨어, 데이터베이스 등의 기술은 특허권보다는 신지식재산권의 일종인 산업저작권으로 보호받는 것이 일반적입니다.

최근 기업 간에는 특허 분쟁이 치열해지고 있습니다. 예를 들면 2011년 4월 15일에 애플은 삼성전자를 상대로 자사의 특허 16건이 침해됐다며 미국에서 특허 소송을 시작하였습니다. 이때 애플이 집중한 지식재산권은 3개의 실용신안권과 4개의 디자인권이었습니다. 2014년 3월에 내려진 미국 법원 1심에서는 삼성이 애플의 실용신안권과 디자인권을 침해했다고 평결했으며, 삼성이 애플에 9억 3천만 달러를 배상하라고 결정하였고, 이는 2015년 1심 일부 파기, 2016년 12월 대법원이 항소심 일부 파기·환송 등으로 조정을 거쳐 재판 개시 7년이 지난 2018년 5월 미국 법원 1심에서 총배상액 6억 9천만 달러로 평결이 완료되었습니다. 하지만 평결 완료 직후인 2018년 6월 두 회사는 구체적인 합의 조건은 공개하지 않았지만 재판을 관할하였던 미국 캘리포니아주 새너제이 연방지방법원에 '화해하고 모든 소송을 취하한다'는 서류를 제출하며 분쟁을 종료하였습니다. 애플과 삼성전자의 이 분쟁은 규모나 영향력 관점에서 IT 산업의 역사에 기록될 중요한 특허 소송이었으며, 특허에 의한 기술보호의 중요성을 선명하게 보여준 사건으로 기록되었습니다.

특허를 통해 기술을 공개하고 자신이 보호받을 항목을 밝히면 같은 항목의 기술을 사용하는 것에 대해서는 독점적으로 생산과 판매를 허용하거나 특허보유자가 사용할 권리를 라이선스로 판매하여 특별한 이익을 보장하게 됩니다. 이러한 특허제도 때문에 제약, 화학공업 등의 특정 산업에서는 특허를 통한 기술보호가 매우 효과적입니다. 하지만 기술보호는 기업이 추구하는 경쟁력의 하나의 수단으로 제품의 특성이나 라이프 사이클에 따라 적절한 전략으로 이루어져야 합니다. 예를 들면 마이크로소프트(Microsoft)는 자신들의 콘솔 게임기인 Xbox와 PC 운영체제인 Windows를 위해 치밀한 기술보호 전략을 사용하는 것으로 알려졌습니다. 먼저 Xbox 하드웨어에 대해서는 철저히 특허와 저작권으로 보호하고, 일부 기술은 특허 출원도 시도하지 않고 영업비밀로 하여 철저히 보호합니다. 하지만 Xbox에서 구동해야 될 비디오 게임 콘텐츠의 다양하고 빠른 개발을 위해 등록된 게임 제작업체들에게 개발도구에 접근할 수 있는 권한을 주고 개발된 게임은 까다로운 인증절차로 관리합니다. 이에 비교하여 Windows에 대한 라이선스 정책은 보다 개방적이어서 Windows에서 구동할 소프트웨어 개발자들에게 일부 Windows 코드에 대한 접근을 허가해 주고, 이렇게 개발되는 소프트웨어가 Windows를 탑재한 다양한 컴퓨터 하드웨어에서 작동하도록 주문자 생산방식(OEMs, Original Equipment Manufacturers)에게 라이선스를 내주는 보다 개방된 기술보호 전략을 사용합니다.

## 상품개발관리: 기술을 상품에 구현하기

개발된 기술을 이용해 해당 기업이 상품개발을 하기 위해 필요한 지식과 절차가 상품개발관리입니다. 기업에서 기술을 개발하고 지속적으로 혁신하는 것은 궁극적으로 상품과 공정에 녹아들어야 하므로 상품개발관리는 기술경영의 마지막 단계라고 할 수 있습니다. 하지만 주의할 것은 기술개발부터 완료하고 이후에 상품화를 진행하는 것이 아니라 고객의 요구사항을 끊임없이 기술개발에 피드백을 주는 상호작용적 절차가 진행되어야 합니다. 상품의 필요성을 누가 먼저 탐지하느냐에 따라 ① 고객의 요구사항에 따라 상품개발이 진행되는 경우도 있고, ② 개발자나 기업이 먼저 상품의 필요를 탐지하여 고객에게 제시하는 경우도 있습니다.

고객의 요구사항을 반영하기 위해 기술이 개발되고 상품화되는 경우에는 '개량적인 상품'이 나타나고, '점진적인 기술혁신'이 동반되며, 다양한 기업들이 비슷한 제품 사양에 대해 치열한 성능, 가격, 출시 시기 경쟁을 전개합니다. 전통적인 제약기업이 신약을 개발하기 위해서는 약품의 후보물질 발견, 실험실 실험, 동물을 통한 전임상시험, 사람에 대한 임상시험, 의약품 관련 정부 기관의 허가 등으로 약 10년이라는 기간이 필요했습니다. 하지만 최근에는 이 모든 제품 개발 절차를 빠르게 단축하는 것이 무엇보다도 중요해지고 있습니다. 이를 위해 다양한 파트너와 협력하여 기술 이전, 플랫폼 기술 활용, 위탁 생산 등 다양한 상품개발관리 전략이 사용되고, 이러한 노력에 정부도 적극적으로 도움을 줍니다. 예를 들면 2019년 12월 COVID-19가 발병하자 백신을 빠른 기간 내에 발명하기 위해 몇 개의 그룹이 각각 백신 개발을 시작하였습니다. 그중 2010년에 창업하여 SARS 백신 개발을 위해 m-RNA 기술을 확보하고 있던 모더나(Moderna)라는 미국의 벤처기업이 가장 성공하였다고 평가됩니다. 모더나는 2020년 미국 정부의 25억 달러의 자금 지원을 바탕으로 온라인에 공개된 COVID-19 바이러스의 게놈(genome) 서열을 이용하여 25명의 직원으로 며칠 만에 프로토타입 백신 개발을 완료합니다. 이후 전 세계 방대한 백신 수요 충족을 위해 계약 생산을 전문으로 하는 론자(Lonza), 로비(Rovi) 등과의 개방형 혁신을 통해 2020년 12월 미국 식품의약국(FDA)의 사용 승인을 받고 11개월 만에 제품 출하를 달성합니다. 모더나 백신은 2022년 6월 말 기준으로 전 세계 1억 5,500만

명에게 접종되어 COVID-19 예방에 크게 기여하였습니다.

　개발자나 기업이 먼저 상품의 필요를 탐지하여 고객에게 제시하는 경우에는 '혁신적인 상품'이 나타나고, '과격한 기술혁신'이 동반됩니다. 2001년 12월 3일 뉴욕의 브라이언트 공원에서 세그웨이-PT(Segway-PT)라는 1인용 운송수단이 TV의 생방송 뉴스 프로그램을 통해 세상에 공개됩니다. 자전거의 직렬바퀴 형식이 아니라 평행바퀴가 2개 달려 탑승 공간이 상당히 축소된 전기 스쿠터인 세그웨이-PT의 개발과 출시를 본 스티브 잡스는 "개인용 컴퓨터만큼 중요한 제품이 출현하였다"고 단언하였고, 아마존의 창업자인 제프 베이조스와 함께 이 기업에 수백만 달러를 투자합니다. 세그웨이-PT는 균형 잡는 역할을 하는 자이로스코프를 통해 몸을 앞으로 숙이면 전진하고, 뒤로 젖히면 후진해 누구나 쉽게 운전이 가능한 혁신적인 제품으로, 고객의 요구가 아닌 오롯이 개발사의 비즈니스 마인드로 개발과 출시가 이루어졌습니다.

　개발된 상품은 끊임없이 개량하여 고객들의 가치 실현을 달성하는 것이 중요합니다. 세그웨이-PT의 경우 출시 당시 6개월이면 손익분기점을 돌파할 것이라고 예측되었습니다. 하지만 50 kg에 가까운 무게 때문에 충전된 전기가 소진되면 애물단지가 되었고, 타깃시장인 미국 각 도시의 도로규정에 적합하지 않았으며, 1만 달러나 되는 가격 때문에 판매가 부진하였습니다. 반면에 2013년 창업한 나인봇(Ninebot)이란 중국 벤처기업은 세그웨이-PT와 비슷한 외관에 성

**그림 4-10. 세그웨이의 PT**

**그림 4-11. 나인봇의 전기킥보드 상품**

능은 조금 못 미치는 23 kg 무게의 나인봇이라는 제품을 3천 2백 달러에 출시하여 중국, 홍콩은 물론 세계 시장을 접수해 나갑니다. 결국 나인봇의 모회사인 샤오미(Xiaomi)는 2015년 4월 자신들에게 특허 소송을 제기하는 세그웨이사를 8천만 달러에 전격적으로 인수해 버리고, 자신들에게 필요한 기술과 세그웨이 브랜드를 확보하여 선발 경쟁자를 무력화합니다. 최근에 나인봇과 경쟁사들은 세그웨이-PT의 평행바퀴 방식보다는 직렬바퀴 방식의 전기킥보드 상품을 1천 달러 전후의 가격으로 출시하여 1인용 운송수단 시장의 수요를 변화시켰습니다.

## 기술경영은 직업세계라는 숲속에서 길을 알려주는 것

최근 우리나라에서 이공계 인력이 취직이 잘된다는 이유로 대학의 이공계 학과가 인기가 있습니다. 그러나 이 이공계 인력들이 자신들이 가진 과학지식과 공학기술만을 가지고 졸업한다면 자신의 직업이나 직장에서 요구하는 과학기술을 단순히 연구개발만 수행할 뿐, 자신의 지식과 기술이 기업에서 어떤 용도로 사용되고 고객과 기업에게 어떻게 기여하는지도 모르는 채로 직업세계에서 길을 잃는 사태가 발생할 수도 있습니다.

산업공학은 이공계 학과 중에서 나무보다는 숲을 보는 학문이라고들 이야기합니다. 산업공학의 세부 분야인 기술경영은 여러분이 대학을 졸업하면 헤쳐 나가야 하는 직업세계라는 숲속에서 '기술을 기획하고, 경쟁전략을 수립하여 실행하고, 다른 조직과 협력하고, 자신의 기술을 보호하여 개발된 기술을 상품화하는' 혁신의 길을 알려주는 매력적인 학문이라고 생각합니다.

산업공학 중 기술경영을 전공하면 보통 다음과 같은 부문에 취직을 원하거나 또는 취직을 하고, 실제 업무를 수행할 때 큰 기반이 됩니다.

## ● 민간기업

삼성전자, 삼성 SDS, 현대자동차, SK 하이닉스, SKT, KT, 포스코, 유한양행 등 대기업의 CTO전략실, 기획본부, 신사업개발실, 기술마케팅팀, 중앙연구소, 생산연구소, 제품개발팀 등에 취업

## ● 하이테크/벤처기업

네이버, 카카오, 에코프로비엠, 엔씨소프트, 크래프톤 등의 기술개발 관련 부서에 취업 또는 창업

## ● 정부출연연구기관

KIST, ETRI, 한국기계연구원, 한국생명공학연구원 등의 기술기획팀, 기술전략팀, 기술사업화팀, 벤처지원팀, 기업협력센터 등에 취업

## ● 공공기관

정부/지자체의 Think Tank(산업연구원, 서울연구원, 경기연구원 등), 연구관리 전담기관(한국연구재단, 한국산업기술진흥원, 한국과학기술기획평가원, 한국에너지기술평가원 등), 대학의 산학협력단, 공공/민간 창업보육센터 등에 취업

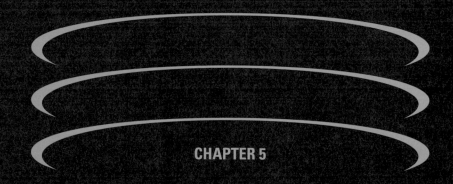

CHAPTER 5

# 빅데이터

빅데이터 세상에서
숨겨진 가치를 찾다

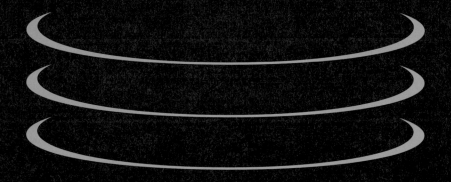

**강필성**
서울대학교 산업공학과 교수

**강석호**
성균관대학교 시스템경영공학과 교수

우리는 시시각각 다양한 경로로
새로운 데이터가 쏟아져 나오는
빅데이터의 시대에 살고 있습니다.

데이터마이닝은 빅데이터의 분석을 통해서 관계, 패턴, 규칙 등을 찾아내고 모형화하여 가치를
창출하기 위한 일련의 과정으로, 산업 영역 전반에 걸쳐 우리에게 새로운 기회를 제공해 주고
있습니다.

# 빅데이터란?

우리는 데이터의 홍수 속에서 살고 있습니다. 매 순간 새로운 데이터가 다양한 경로를 통해 쏟아져 나오고 있지요. 우리 주변의 거의 모든 것이 데이터의 원천이 될 수 있습니다. 예를 들어 공장에서는 생산 라인에 부착된 센서와 검사 장비로부터 실시간으로 데이터가 생성됩니다. 주식 시장에서는 거래와 가격 데이터가 실시간으로 생성됩니다. 인공위성은 지구의 기상 상태 데이터를 실시간으로 생성합니다. 병원에서는 환자의 진료 및 검사 데이터가 지속적으로 생성됩니다. 이외에도 자동차, 가전제품, 스마트폰 등 모든 사물이 인터넷에 연결되어 지속적으로 데이터를 생성하고 있습니다. 여러분 개개인도 데이터 생성에 기여하고 있습니다. 버스나 지하철을 탈 때 사용하는 교통카드의 태그 기록, 스마트폰으로 하는 통화나 문자메시지 기록, 카카오톡 같은 메신저를 통한 대화, 페이스북이나 인스타그램에 올리는 글과 사진, 멤버십 포인트 적립 기록 등 우리 일상의 모든 것이 데이터가 됩니다.

빅데이터는 현대 사회에서 일상어로 자리매김했습니다. 우리는 빅데이터의 시대에 살고 있다고 이야기하기도 합니다. 삼성전자 재직 시절 '초격차'라는 단어를 처음 사용한 권오현 전 회장은 그의 저서에서 각 산업혁명마다의 키워드와 우리 삶의 변화상을 설명하였습니다. 그에 따르면 1차 산업혁명의 키워드는 '동력'으로, 인간과 가축의 힘에 전적으로 의존했던 시대에서 증기기관의 힘을 빌려 쓰는 시대로 이동하면서 공업이 폭발적으로 성장했다고 합니다. 2차 산업혁명의 키워드는 '에너지'로, 석유와 전기의 발견으로 인한 동력원의 다양화가 새로운 세계로의 마중물이 되었다고 합니다. 3차 산업혁명의 키워드는 '디지털'이라고 합니다. 그전까지는 아날로그 방식으로 이동하던 정보가 디지털의 도움으로 시공간의 제약이 없어졌다는 뜻이지요. 그리고 지금 우리는 '데이터'를 키워드로 하는 4차 산업혁명 시대에 살고 있으며, 디지털화된 세상에서 데이터의 생성, 저장, 그리고 분석의 과정이 순환되며 가치를 창출하는 시대에 살고 있습니다.

그렇다면 빅데이터란 무엇일까요? 빅데이터는 글자 그대로 방대한 양의 데이터를 의미합니다. 하지만 이 용어의 의미는 단순히 많은 양의 데이터를 넘어섭니다. 빅데이터의 특징을 설명하는 데 가장 널리 통용되는 개념은 '3V'로, 이는 Volume(크기), Variety(다양성), 그리고 Velocity(속도)라는 세 가지 키워드로 구성됩니다.

### ● Volume(크기)

데이터의 물리적인 크기를 나타냅니다. 빅데이터를 저장하고 처리하는 것은 그 자체로 큰 도전 과제입니다.

### ● Variety(다양성)

빅데이터는 텍스트, 이미지, 비디오, 로그 파일 등 다양한 형태로 존재합니다. 다양한 형태의 데이터를 통합하고 분석함으로써 더 큰 가치를 창출할 수 있습니다.

**그림 5-1. 빅데이터 3V**

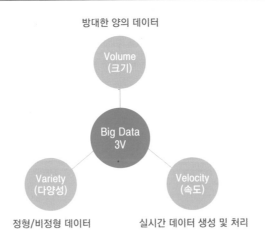

* **Velocity(속도)**

실시간으로 빠르게 생성되는 빅데이터를 신속하게 처리하고 분석하여 효과적으로 활용하는 것이 중요해지고 있습니다.

세계경제포럼(World Economic Forum)은 2020년 디지털 세계 전체의 데이터 규모가 44제타바이트(ZB)에 이를 것으로 추정했습니다. 이는 바이트(Byte) 수 기준으로 관측 가능한 우주에 있는 별의 수보다 40배가량 더 많은 수라고 합니다. 또한 전 세계적으로 매일 약 463엑사바이트(EB)의 데이터가 생성될 것으로 추정했는데, 이는 약 2억 1,276만 5,957개의 DVD에 해당하는 양입니다. 최근 기술의 급격한 발전으로 지속적으로 컴퓨터 성능이 높아지고 데이터 저장 비용이 큰 폭으로 낮아지면서 빅데이터의 활용이 더욱 가속화되고 있습니다.

# 빅데이터는 어떻게 활용하나요?

그럼 빅데이터는 어떻게 활용할까요? 빅데이터는 현대 사회의 거의 모든 분야에서 새로운 통찰력을 얻고, 의사결정을 개선하는 데 크게 기여하고 있습니다. 빅데이터를 흔히 산업 경쟁력을 좌우할 21세기의 원유로 비유하기도 합니다. 특히 데이터 과학(Data Science) 분야가 부상하면서 빅데이터의 중요성은 더욱 강조되고 있습니다. 데이터 과학은 수많은 데이터 속에 숨겨진 패턴이나 의미를 찾아내는 학문입니다. 통계학에서부터 데이터베이스, 인공지능 등의 여러 학문 분야와 밀접하게 연관되어 있는 대표적인 융합형 학문이라고 할 수 있지요.

**그림 5-2. 요리에 비유한 빅데이터의 분석 및 활용**

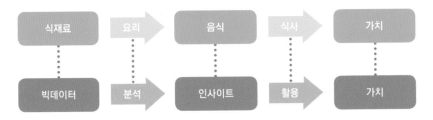

빅데이터를 분석하고 활용하는 방법을 비유하자면, 빅데이터는 마치 요리의 재료와 같습니다. 요리사가 다양한 재료를 사용해서 요리한 맛있는 음식을 우리에게 제공해 주는 것처럼, 데이터 과학자는 빅데이터를 분석하고 가공하여 유용한 인사이트와 가치를 창출합니다.

빅데이터를 분석하고 활용하여 가치를 창출하고 의사결정을 지원하는 과정을 미국의 IT 컨설팅 회사인 가트너(Gartner)의 분석 가치 에스컬레이터(Analytic Value Escalator) 모델을 이용하여 단계별로 어떻게 더 고급화된 분석으로 발전할 수 있는지 정리할 수 있습니다.

- **기술적 분석(Descriptive Analytics)**

  기본적인 데이터 관리를 통해 "무엇이 일어났는가?"에 대한 질문에 답하며 과거의 성과를 이해합니다.

- **진단적 분석(Diagnostic Analytics)**

  데이터로부터 패턴과 트렌드를 분석하여 "왜 이런 일이 일어났는가?"에 대해 탐구하고, 이를 통해 문제를 식별하고 그 원인을 이해합니다.

- **예측적 분석(Predictive Analytics)**

  고급 분석 기술과 모델링을 활용하여 "앞으로 무엇이 일어날 것인가?"의 관점에서 미래의 사건이나 결과를 예측합니다.

그림 5-3. 가트너의 분석 가치 에스컬레이터 모델

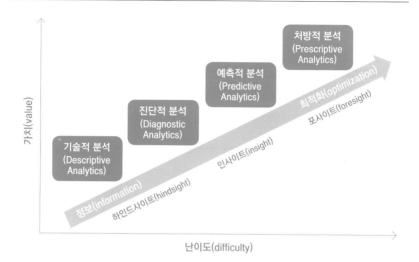

## • 처방적 분석(Prescriptive Analytics)

"우리는 무엇을 해야 하는가?"에 답하는 단계로, 데이터를 바탕으로 최적의 결정이나 행동을 추천합니다.

또한 최근 인공지능의 눈부신 발전에는 빅데이터가 핵심적인 역할을 하고 있습니다. 인공지능은 방대한 데이터를 학습함으로써 패턴을 인식하고 다양한 과업을 수행합니다. 이 과정에서 빅데이터는 필수적인 자원으로 작용합니다. 예를 들어 이미지 분류를 위해 개발된 인공지능은 수백만에서 수천만 장에 이르는 이미지를 학습하여 새로운 이미지를 정확히 분류할 수 있습니다. 또한 미국의 인공지능 회사인 OpenAI가 개발한 인공지능 챗봇 챗GPT는 약 45테라바이트(TB)에 달하는 방대한 텍스트 데이터를 학습하여 사용자의 질문에 자연스럽게 응답할 수 있습니다.

# 빅데이터의 활용 사례를 소개해 주세요

빅데이터의 활용은 산업 영역 전반에 걸쳐 우리에게 새로운 기회를 제공해 주고 있습니다. 많은 회사들이 빅데이터를 활용하여 새로운 제품/서비스를 개발하거나 업무를 혁신하고 있습니다. 빅데이터는 이미 제조, 마케팅, 영업, 의료, 금융, IT 등 산업 내 다양한 영역에서 축적되고 있는 데이터로부터 가치를 창출하는 데 활용되면서 소기의 성과를 거두고 있답니다.

### • 제조

빅데이터는 제조 공정의 최적화, 품질 관리, 고장 예측 및 유지 보수 계획에 광범위하게 활용됩니다. 센서 데이터를 분석하여 제품의 품질을 실시간 가상으로 측정하고, 공정 설비의 상태를 진단하여 설비의 성능을 모니터링하고 잠재적인 결함을 사전에 감지할 수 있으며, 상황에 따라 공정을 자동으로 제어할 수 있습니다. 이를 통해 생산성을 높이고 장비의 고장이나 다른 이유로 인해 가동이 중단되는 다운타임을 줄일 수 있습니다. 많은 제조회사들은 사물인터넷(IoT, Internet of Things) 기술을 기반으로 센서 네트워크를 구축하여 실시간 데이터를 수집하고, 이 데이터를 활용하여 지능적으로 공장을 관리하고 제어하는 스마트 팩토리를 구축하기 위해 노력하고 있습니다.

### • 마케팅

빅데이터는 고객 행동 분석, 시장 추세 예측, 개인화된 마케팅 전략 수립 등에 광범위하게 사용됩니다. 소셜 미디어, 구매 기록, 인터넷 검색 기록 등 다양한 데이터 소스로부터 정보를 수집하고 분석함으로써, 소비자의 선호와 행동을 파악할 수 있습니다. 이러한 분석을 통해 고객의 행동 패턴을 군집화하고, 각 고객군에 대한 맞춤형 전략을 세워 새로운 제품 개발과 마케팅 전략에 반영합니다. 예를 들어 특정 고객 집단의 특성을 파악하여 그들이 선호할 가능성이 높은 새로운 제품이나 서비스를 출시하거나, 개별 고객에게 맞춤화된 제품이나 서비스를 추천하는 데 이 정보를 활용하고 있습니다. 여러분들이 넷플릭스나 유튜브를 시청할 때 여러 가지 방식으로 여러분이 좋아할 것 같은 동영상을 노출시켜 주는 것이 바로 빅데이터 분석을 기반으로 한 개인화된 추천 시스템의 결과물입니다.

### • 의료

빅데이터는 환자의 건강 기록, 임상 연구 결과, 의료 영상 데이터 등을 분석하여 질병 진단, 치료 방법 개발, 의료 서비스 개선 등에 사용됩니다. 예를 들어 스마트 워치에서 실시간으로 수집되는 개인의 생체 신호 데이터를 자동으로 분류하여 사용자의 건강 상태를 예측하고 문제를 탐지하여 의사의 진단을 보조할 수 있습니다. 또한 병원에 내원한 환자들의 다양한 검사(혈액, 소변, 영상 등)로부터 수집된 빅데이터를 통해 특정 질병의 위험 요소를 식별하고 예방 조치를 취할 수도 있습니다. 많은 병원들이 환자의 전자 건강 기록을 분석하여 복잡한 의료 조건을 가진 환자들에게 보다 효과적인 치료 방법을 제공하기 위해 노력하고 있으며, 이는 질병의 진단과 치료를 더 정확하고 효율적으로 만들 수 있습니다. 또한 인터넷 검색 기록과 소셜 미디어에 게시된 내용을 바탕으로 전염병의 확산 경로를 예측하는 사례도 있습니다.

### • 금융

빅데이터는 신용 평가, 사기 탐지, 위험 관리, 투자 전략 수립 등에 활용됩니다. 은행, 카드사, 그리고 기타 금융 회사들은 고객의 거래 기록과 거래 패턴을 분석하여 비정상적인 활동을 감지하고 이상 거래를 탐지합니다. 예를 들어 여러분의 가족이 해외로 여행을 갔다가 부모님이 신용카드를 분실했는데 귀국 후 한참이 지나서 그 카드를 누군가가 해외에서 사용했다면 카드사에서 이를 신용카드 도용으로 탐지하고 해당 거래를 취소할 수 있다는 뜻입니다. 또한 시장 데이터와 경제 지표 등과 같은 다양한 외부 데이터를 분석하여 시장 변동성을 예측하고 위험을 관리합니다. 이를 통해 시장의 불확실성에 대비하고 투자 손실을 최소화하는 전략을 수립할 수 있습니다.

- **콘텐츠/전자상거래**

빅데이터는 사용자의 과거 행동, 선호도, 유사 사용자의 행동 패턴을 분석하여 개인화된 상품이나 콘텐츠를 추천하는 데 사용됩니다. 이는 사용자 경험을 향상시켜 매출 증대에 기여할 수 있습니다. 콘텐츠 플랫폼과 인터넷 쇼핑몰 등은 고객의 구매 이력, 검색 기록, 상품 리뷰 등을 분석하여 개인화된 상품 추천을 제공하며, 이를 통해 고객 만족도를 높이고 상품 판매를 증가시킬 수 있습니다. 여러분이 관심 있는 상품(예를 들어 옷이나 신발)을 인터넷에서 사고 싶어서 여러 쇼핑몰을 방문해서 옷들을 구경하고 나면 비슷한 스타일의 옷들이 여러 경로로 광고에 노출되는 경험을 한 번쯤은 해보셨을 겁니다.

- **물류**

빅데이터는 수요 예측, 재고 관리, 최적 물류 경로 계획, 배송 시간 단축 등에 활용됩니다. 다양한 소스에서 수집된 데이터를 분석하여 재고 수준을 조절하고, 배송 경로를 최적화함으로써 비용을 절감하며 효율성을 높일 수 있습니다. 예를 들어 물류 회사들은 차량의 위치, 교통 상황, 날씨 정보 등을 실시간으로 분석하여 배송 경로를 최적화하고, 이를 통해 연료 비용을 줄이고 배송 시간을 단축합니다.

- **교통**

빅데이터는 교통 흐름 분석, 사고 예방, 대중교통 시스템 최적화 등에 사용됩니다. 도로 카메라, 센서, GPS 데이터와 같은 다양한 교통 데이터를 분석하여 교통량을 실시간으로 파악하고, 이를 통해 신호등 조정, 차량 흐름 분석, 교통 체증

감지 등을 수행하여 교통 체증을 줄이고 대중교통 서비스를 개선하고 있습니다. 부모님의 차를 타고 어디론가 이동할 때 내비게이션을 사용하면 최적 경로를 추천해 주고 어느 도로가 막히는지에 대한 정보를 실시간으로 알 수 있는 것은 바로 이러한 빅데이터 활용 기술 덕분입니다.

#### • 인사관리

기업은 빅데이터를 통해 직원들의 근무 패턴, 성과 평가, 직무 만족도, 퇴사 이력 등을 분석함으로써 잠재적인 조기 퇴사자를 예측할 수 있습니다. 또한 직원의 업무 성과, 교육 이력, 프로젝트 참여 정도 등을 분석하여 각 직원의 강점과 약점을 파악하고, 이를 기반으로 맞춤형 교육 및 개발 프로그램을 제공하여 직원의 개인적 성장뿐만 아니라 조직 전체의 생산성 향상에 기여할 수 있습니다. 신규 직원 채용 과정에서도 빅데이터는 유용합니다. 기업은 기존 직원들의 성공 사례를 분석하여 이를 유사한 특성을 가진 새로운 인재를 찾는 데 활용할 수 있습니다.

# 빅데이터의 전망은?

데이터 과학을 활용하여 데이터로부터 가치를 창출하는 역할을 하는 사람들을 데이터 과학자라고 합니다. 데이터 과학자는 빅데이터 시대의 핵심 인재로 평가받고 있습니다. 세계 경제 포럼(World Economy Forum)이 2023년 발간한 《직업의 미래 보고서(The Future of Job Report 2023)》에 따르면 전 세계 기업들은 2027년까지 빅데이터 분석 기술을 채택할 의향이 80%로 가장 높은 수준의 도입률을 보이고 있으며, 데이터 분석가를 포함하여 인공지능 및 기계학습 전문가, 정보보안 전문가, 핀테크 엔지니어 등 기술 관련 직업군에서 빠르게 일자리가 성장할 것으로 예상되었습니다. 미국의 저명한 경영 매거진인 《하버드 비즈니스 리뷰(Harvard Business Review)》의 2012년 기사에서는 데이터 과학자를 21세기의 가장 섹시한 직업으로 선정하기도 했었는데요. 현재도 여전히 유명한 직업으로 각광받고 있습니다. 국내외 유수의 기업들이 빅데이터 팀을 조직하여 운영하면서 데이터 과학자를 경쟁적으로 채용하고 있습니다. 세계 각국의 정부 역시 정책 수립 과정에서 빅데이터를 활용하거나, 민간의 빅데이터 활용을 지원하기 위해 노력을 기울이고 있습니다.

데이터 과학자의 진로는 특정 산업 분야에 국한되지 않습니다. 앞서 소개한 사례를 포함하여 다양한 분야에서 빅데이터의 활용을 필요로 하기 때문에, 진로 역시 다양합니다. 전 세계적으로 데이터의 양이 기하급수적으로 증가하고 있으며, 이 데이터를 활용하는 것은 모든 산업에서 중요한 역할을 하게 될 것입니다. 미래에는 기업과 정부 모두가 데이터 기반으로 기회를 발굴하고 의사결정을 내리는 것이 더욱 자연스러운 문화로 자리 잡을 것으로 보입니다. 이러한 과정에서 빅데이터의 중요성은 계속해서 커지고 있으며, 데이터 과학자의 역할 또한 커지고 있기 때문에 데이터 과학자에 대한 수요는 지속적으로 증가할 것으로 전망됩니다.

데이터 과학자나 관련 종사자가 아니더라도, 데이터를 탐색하고 이해하며 이를 바탕으로 한 분석 결과를 전달하고 소통하는 능력인 데이터 리터러시(data literacy)는 현대 사회에서 필수적인 역량으로 자리매김하고 있습니다. 개인이 데이터 리터러시 역량을 갖추고 데이터 기반으로 업무를 수행하며 데이터 과학자와 협업하는 것은 개인의 경쟁력을 높이는 중요한 요소로 자리 잡고 있으며, 이는 앞으로 더욱 중요해질 것입니다.

# 데이터 과학자가 되기 위해서는?

데이터 과학은 다양한 학문이 융합된 분야로, 산업공학, 통계학, 컴퓨터공학, 경영학 등 여러 학문 분야에서 중요하게 다룹니다. 그렇기 때문에 데이터 과학자가 되기 위해서는 여러 학문 분야의 지식이 폭넓게 필요합니다. 대규모의 데이터를 효과적으로 다루기 위해서는 데이터 구조, 데이터베이스, 알고리즘, 프로그래밍 등의 지식이 필요하며, 데이터를 분석하기 위해서는 다변량 통계, 확률, 인공지능, 기계학습 등을 배워야 합니다. 뿐만 아니라 비즈니스 문제를 해결하는 과정에서 문제를 정의하고 분석 결과로부터 인사이트를 도출하기 위한 통합적 사고능력 또한 중요합니다.

개인이 이런 모든 능력을 갖추기는 어렵습니다. 현실의 산업 문제를 해결하기 위해서는 해당 도메인 전문가의 지식을 활용하는 것이 중요합니다. 그래서 데이터 과학자는 혼자 일하기보다는 다양한 전문 지식을 가진 팀원들과 협력하여 일하는 경우가 많으므로, 의사소통 및 협업 능력도 매우 중요합니다.

데이터 과학자로서 다양한 지식과 역량을 갖추기 위해 산업공학과 같은 다학제적 전공을 선택하는 것은 좋은 방법이 될 수 있습니다. 산업공학에서는 데이터 과학을 다양한 산업 영역의 문제 해결에 적용하는 응용 연구에 중점을 두고 있습니다. 여기서 산업공학은 비즈니스 문제를 수리적으로 정의하고 모델링하며, 이를 통해 제품이나 서비스 창출, 의사결정 지원 등의 비즈니스 가치를 창출하는 역할을 합니다.

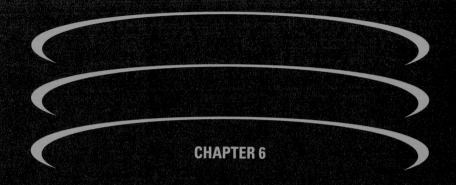

**CHAPTER 6**

# 산업인공지능

## 산업공학과 인공지능의 교차점에서
## 산업 혁신을 주도하다

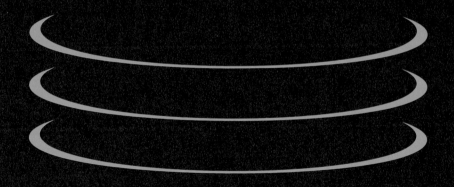

**이종석**
KAIST 산업및시스템공학과 교수

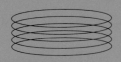

산업공학은
산업혁명의 각 시대를 거치며
중요한 역할을 수행해 왔습니다.

증기기관이 이끈 1차 산업혁명에서부터 전기가 도래한 2차, 그리고 정보 기술이 중심이 된 3차 산업혁명에 이르기까지, 산업공학은 지속적으로 혁신의 전면에 서 왔습니다. 이제 우리는 4차 산업혁명의 시대에 진입하고 있으며, 인공지능은 이 새로운 혁명에서 중추적인 역할을 하고 있습니다. 이번 장에서는 산업공학과 인공지능이 어떻게 협력하여 산업의 판도를 바꿀 수 있는지 알아보겠습니다. 여러 사례를 통해 산업 전반에 걸쳐 어떻게 혁신이 이루어지고 있는지 살펴보면서, 두 분야가 재정의할 미래 산업을 한번 상상해 볼까요?

# 인공지능과 산업인공지능

최근 몇 년간 인공지능 기술이 눈부신 발전을 이루고 있습니다. 특히 생성형 인공지능이 큰 주목을 받고 있지요. 챗GPT, 달리(DALL-E), 소라(Sora)와 같은 기술들은 인간과 대화하거나, 예술 작품을 창조하고, 심지어 짧은 영화를 제작하는 등 다양한 분야에서 활약하고 있습니다. 이러한 기술들 덕분에 인공지능이 작곡한 음악이 수상하는 일이나, 실제 촬영 없이 인공지능만으로 영화를 제작하는 일도 현실화되고 있죠.

이러한 혁신의 핵심에는 빅데이터(big data)와 기계학습(machine learning)이 자리 잡고 있습니다. 빅데이터는 인공지능 시스템이 학습할 수 있는 방대한 정보의 원천으로서, 다양한 출처로부터 수집되며 그 크기와 복잡성은 전통적인 데이터 처리 방식으로는 다루기 불가능한 정도입니다. 이러한 대규모 데이터로부터 유의미한 패턴과 인사이트를 추출하는 과정이 바로 기계학습입니다. 기계학습은 알고리즘과 수학적 모델을 사용하여 데이터로부터 패턴을 학습하고, 이를 통해 예측 능력을 갖춘 모델을 생성합니다. 따라서 인공지능의 발전은 이 두 핵심 요소, 즉 방대한 양의 데이터를 처리할 수 있는 빅데이터 기술과 이를 효과적으로 학습시킬 수 있는 기계학습 알고리즘의 발전에 크게 의존하고 있습니다.

이처럼 방대한 양의 데이터로부터 학습하고 예측하여 문제 해결과 의사결정에 활용한다는 점에서는 산업인공지능도 마찬가지이긴 한데요. 산업인공지능은 우리에게 잘 알려진 인공일반지능(AGI, Artificial General Intelligence)과는 약간 다른 점이 있습니다. 산업인공지능은 조금 더 특별한 목적을 가지고 산업현장에 적용되는 인공지능을 말하는데요. 그래서 영어로 Industrial AI라고 표현하기도 합니다. 산업은 제조, 서비스, 문화, 공공 등 다양한 분야로 나뉠 수 있지만, 이 중에서도 제조 산업에서 활용되는 제조 인공지능에 초점을 맞춰 차이점을 얘기해 보겠습니다.

먼저 기능적인 측면에서 보면, 제조 인공지능은 특정 제조 공정의 문제 해결과 효율성 증대에 집중합니다. 이는 명확한 목표를 가지고 특정한 작업에 국한되어 작동하기 때문에 다른 분야로의 적용이 제한적이에요. 반면 인공일반지능은 다양한 종류의 작업을 학습하고 수행할 수 있도록 설계되어 있어서, 새로운 작업이나 문제에 대응할 수 있는 범용성을 지향합니다.

실패에 대한 관점에서도 차이가 있습니다. 제조 인공지능은 고도의 전문성을 요구하며, 작은 실수가 큰 위험이나 비용으로 이어질 수 있어요. 그래서 매우 정교한 인공지능 알고리즘 개발이 요구됩니다. 반면 인공일반지능은 그 범용적 기능으로 인해 실패나 실수가 더 너그러운 상황에서 받아들여질 수 있습니다. 예를 들어 생성형 인공지능이 예상과 다른 결과를 생성하거나 부정확한 정보를 제공하여도, 사용자는 결과를 검토하고 선택적으로 활용할 수 있습니다.

실제로 제조 인공지능의 개발과 적용은 제조 산업에 큰 변화를 가져오고 있습니다. 제조 인공지능은 공장의 효율을 극대화하고, 공정에서 발생할 수 있는 오류를 최소화하기 위해 특정 공정에 최적화된 형태로 개발됩니다. 이러한 인공지능 시스템은 공정의 복잡성을 관리하고, 자원을 보다 효율적으로 사용할 수 있도록 돕습니다. 제조 인공지능의 한 예로, 품질 관리 공정에서 결함이 있는 제품을 자동으로 감지하고 분류하는 시스템을 들 수 있습니다. 이 시스템은 수천, 수만 개의 제품을 빠르게 검사하고, 심지어는 생산 공정을 실시간으로 조정하여 불량률을 줄일 수 있습니다.

산업인공지능은 주로 제조 산업과 관련이 깊지만, 반드시 제조와 관련된 것은 아닙니다. 산업인공지능은 에너지, 농업, 교통과 같은 다른 산업 분야로 그 적용 범위를 확장하고 있습니다. 예를 들어 스마트 그리드에서는 인공지능을 활용해 에너지 수요와 공급을 정확히 예측하여 최적화된 에너지 공급망을 구축하고, 농업에서는 작물의 성장 패턴을 분석하여 수확 시기를 예측하는 등 다양한 방법으로 활용되고 있습니다. 이처럼 산업인공지능은 점차 우리 생활 깊숙이 자리 잡아 가고 있으며, 그 영향력은 앞으로도 계속 커질 것으로 예상됩니다. 미래의 산업은 인공지능 기술과의 통합을 통해 더욱더 지능적이고 자동화된 형태로 발전할 전망입니다. 이에 대해 더 자세히 살펴보고, 다양한 예시를 통해 산업인공지능의 활용 사례를 탐구해 볼까요?

# 우리 동네 상가 엘리베이터는
# 너무 오래 기다리게 해

고층 건물의 엘리베이터는 일상생활에서 필수적인 도구입니다. 우리는 아파트, 상가, 도심 속 고층빌딩, 병원, 호텔 등 다양한 장소에서 엘리베이터를 사용합니다. 때로는 엘리베이터가 마치 우리 마음을 읽는 것처럼 신속하게 반응하여 우리의 요청에 응답합니다. 반면 어떤 엘리베이터는 우리를 오랫동안 기다리게 만들기도 하지요. 특히 여러 대의 엘리베이터가 운영되는 건물에서는 이러한 차이가 더욱 크게 느껴집니다. 이렇게 한 건물 내에서 여러 대의 엘리베이터를 운행하고 통제하는 것을 가리켜 엘리베이터 군제어라고 합니다. 군제어 시스템은 건물 내 여러 대의 엘리베이터를 동시에 관장하며, 사용자가 호출할 때 목적지에 가장 신속하게 도달할 수 있는 엘리베이터를 배정함으로써 사용자의 대기시간을 줄이고 만족도를 높여줄 수 있습니다.

엘리베이터 군제어의 정교함은 엘리베이터를 보급하고 운영하는 기업에게는 매우 중요한 고민이며, 고객의 요구와 건물의 용도에 따라 다른 알고리즘을 적용하기도 합니다. 보통 건물 주인이 비용을 많이 지불할 경우, 더 섬세한 제어 알고리즘을 엘리베이터에 적용하고, 이는 사용자의 불만이 중요하게 여겨지는 곳에서 흔히 볼 수 있습니다. 반면 비용 지불이 적은 건물에서는 알고리즘이 그렇게 정교하지 않을 수 있습니다. 예를 들어 큰 상가 건물의 엘리베이터가 조금 답답하게 느껴졌다면, 그건 아마도 그 건물에 다양한 소상공인들이 입주해 있어서 불편에 대처할 구체적인 주체가 없기 때문일 것입니다. 그에 반해, 호텔 같은 경우는 엘리베이터가 느리다면 고객 불만이 직접적으로 호텔의 평판에 영향을 미칠 수 있기 때문에 더 많은 비용을 들여서라도 좀 더 정교한 제어 알고리즘을 선택하는 것입니다. 이렇듯 엘리베이터의 군제어 알고리즘은 상황에 따라 다양하게 적용되는 것을 볼 수 있습니다.

가장 기본적인 군제어 알고리즘에 관해 얘기해 볼까요? 예를 들어 여러 회사들이 입주해 있는 고층 오피스 빌딩 상황을 생각해 보겠습니다. 아침에 사람들이 출근할 때, 엘리베이터는 호출이 없더라도 로비 층으로 이동하도록 설정되어 있습니다. 왜냐하면 엘리베이터를 이용할 사람들이 로비 층에 더 많기 때문입니다. 한편 점심시간 전에는 엘리베이터를 여러 층에 분산시켜 놓는 전략을 취합니다. 점심시간 후에는 출근 시간과 상황이 비슷하고, 퇴근 시간에는 점심시간 전과 상황이 비슷하죠. 이렇게 사람들의 이동 패턴을 분석해서 엘리베이터 군제어에 활용할 수 있습니다. 그런데 모든 빌딩에서 사람들이 몰리는 시간이 같을까요? 당연히 아닐 것입니다. 그래서 중요한 건 사람들이 언제 가장 많이 이동하는지를 정확하게 알아내는 것이고, 우리는 엘리베이터 사용 데이터를 통해 사람들의 이동 패턴을 파악할 수 있습니다.

그럼 엘리베이터에서 우리가 수집할 수 있는 데이터에는 무엇이 있을까요? 바로 무게 데이터입니다. 엘리베이터는 문이 열리고 닫힐 때마다 무게를 측정하는데요. 이유는 간단합니다. 엘리베이터가 허용하는 무게를 초과하여 탑승하면 위험하기 때문입니다. 그런데 이 무게 데이터만 있는 것이 아닙니다. 엘리베이터가 언제 어느 층에서 호출되었는지, 언제 문이 열리고 닫혔는지와 같은 정보들도 모두 수집하고 저장할 수 있습니다. 이런 정보들을 시간대별로 분석하면 빌딩 내 사람들의 이동 패턴, 즉 피크 시간을 정확하게 알아낼 수 있습니다. 그림 6-1은 어느 고층 빌딩 로비 층에서의 승차량을 시각화한 것입니다. 이 그림으로부터 우리는 어느 시간대에 사람들이 가장 많이 엘리베이터를 이용하는지 쉽게 파악할 수 있습니다. 이 그림처럼 수집된 원시 데이터(raw data)로부터 승차량을

그림 6-1. 로비 층 승차량과 피크 시간 탐지

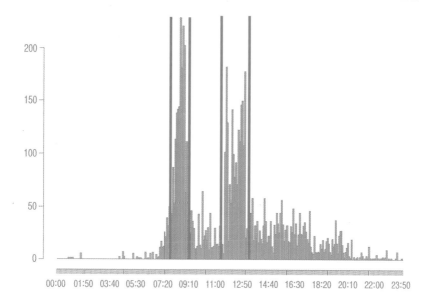

추정하고 피크 시간을 찾아내기 위해서는 데이터에서의 분포를 정확히 추정해야 합니다. 그 후, 추정된 분포에서 가장 적합한 변곡점을 찾아내야 합니다. 이는 산업공학에서 기본적으로 공부하는 확률과 통계, 그리고 최적화 지식이 바로 쓰일 수 있음을 보여주는 예입니다.

데이터를 실시간으로 모으고 저장하는 일, 그리고 그 데이터로부터 학습하는 과정을 통해 우리는 인공지능을 엘리베이터의 군제어 시스템과 결합할 수 있고, 훨씬 더 효율적으로 엘리베이터를 관리하고 운영할 수 있습니다. 이제 엘리베이터 제조사들은 이러한 인공지능 기술을 새로운 엘리베이터에 탑재해 판매할 수 있게 되었고, 이는 국내뿐만 아니라 전 세계 어디에나 적용할 수 있습니다. 과거에는 엘리베이터의 피크 시간대를 사람이 직접 설정해야 했지만, 이제는 인공지능이 그 역할을 맡아 더 정확하게 설정할 수 있게 된 것이죠. 인공지능의 도움으로 우리는 더욱 정밀하고 효율적인 엘리베이터 운영이 가능해졌습니다.

# 이제 위험하고 힘든 일은 인공지능에 맡기자

## 설비를 정밀하게 제어하는 인공지능

강판은 우리 일상에서 흔히 사용되는 중요한 재료입니다. 특히 가전제품과 자동차 제조에 필수적이죠. 강판은 부식을 방지하기 위해 표면에 다른 금속을 부착하는 도금 공정을 거치는데, 이런 공정은 도금공장에서 이루어집니다. 일반적으로 강판마다 부착해야 하는 도금량이 달라서 이를 정밀하게 제어할 필요가 있습니다. 도금량 제어의 원리는 그림 6-2에 표현되어 있어요.

그림에서 air knife가 도금량 제어에 가장 중요한 역할을 하는 것입니다. 강판 위에 바람을 불어 도금량을 제어하는 것인데요. air knife의 간격(D)과 압력(P)이 도금량에 큰 영향을 미칩니다. 간격이 좁고 압력이 높을수록 강판 위에 부착된 용융 금속이 더 많이 깎이기 때문에 도금량은 줄어들고, 반대로 간격이 넓고 압

**그림 6-2. 도금량 제어의 원리**

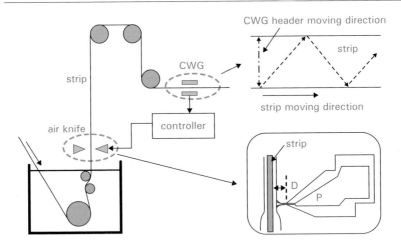

출처: K. T. Shin & W. K. Chung, A new model and control of coating process at galvanizing line, Proceedings of the 17th World Congress IFAC, 2008.

력이 낮을수록 도금량은 늘어나게 됩니다.

공정의 핵심 요소인 air knife와 CWG(Cold Weight Gage, 도금량 측정기) 사이의 거리는 약 200 m입니다. 이 거리 때문에 부착된 도금량을 즉시 확인하기 어렵고, 결과적으로 도금 상태를 정확하게 판단하는 데 시간이 걸립니다. 통상 강판이 지나가는 속도가 100 m/m이므로 도금량을 측정하기까지 약 2분 정도 기다려야 합니다. 이러한 지연은 여러 차례의 시행착오를 요구하게 되고, 그래서 부착해야 하는 도금량보다 적게 부착되는 미도금이나, 과도하게 부착되는 과도금이 발생하게 됩니다. 모두 불량품이나 불필요한 비용으로 이어지게 되는 것이죠. 이는 공정의 최적화된 운영을 어렵게 합니다.

이 문제를 해결하기 위해 공정 데이터로부터 학습이 가능한 air knife 제어 인공지능을 개발했습니다. 개발된 인공지능으로 CWG에서 도금량을 측정하기 이전에 부착해야 하는 도금량을 정확히 맞출 수 있는 air knife의 간격과 압력을 조절할 수 있게 되었죠. 실시간으로 수집되는 여러 데이터로부터 공정 상황을 파악하고, 이를 기반으로 인공지능이 스스로 최적의 판단을 할 수 있게 된 것입니다. 그 결과, 수동 조작 시 발생할 수 있는 오류를 줄이고 품질을 향상할 뿐만 아니라 비용도 절감하였습니다. 참고로, 본 사례는 산업공학에서 다루는 최적화, 품질, 원가절감 등의 주제를 다양하게 포함하고 있습니다. 이를 통해 산업인공지능은 산업공학이 잘하는 분야가 아닐까 생각해 봅니다.

이 인공지능 도금량 제어 기술은 현재 해당 기업의 국내외 14개 도금공장에 성공적으로 적용되었습니다. 또한 이 기술은 국가핵심기술로 지정되었는데, 국가핵심기술이란 해외 유출 시 국가 안전보장이나 경제 발전에 중대한 악영향을 미칠 우려가 있는 중요 기술을 말합니다. 인공지능 도입으로 작업자의 숙련도 차이에 의한 편차도 줄어들어 더 균일하고 우수한 결과를 달성할 수 있게 되었는데, 이것이 국가 경제에 큰 도움이 된 것이죠. 이 기술은 최초로 국내외 여러 공장을 한곳에서 제어할 수 있는 사례를 만들었으며, 세계 각지에 있는 도금 공정을 실시간으로 정밀하게 관리할 수 있게 하였습니다.

## 안전한 작업환경을 확보하기 위한 인공지능

밀폐공간은 작업자의 건강과 안전에 심각한 위협을 가할 수 있는 환경입니다. 이런 공간은 통풍이 잘되지 않아서 산소 부족이나 유독 가스 노출로 인한 질식의 위험, 그리고 인화성 물질에 의한 폭발 및 화재의 위험이 있어요. 매년 이러한 재해가 발생하는 소식을 뉴스를 통해 접할 때마다 매우 안타깝습니다. 이런 재해를 예방하기 위해서는 밀폐공간에서의 작업 전 반드시 유독 가스를 측정해야 합니다. 보통 작업자는 방독면을 착용하고 직접 밀폐공간에 들어가거나, 외부에서 유독 가스를 펌프로 추출하여 측정하는데요. 이 작업은 매우 번거로울 뿐만 아니라 작업자가 유독 가스 환경에 노출될 수 있다는 위험도 있습니다. 점심시간이나 휴식시간 등 일정 시간 밀폐공간을 벗어났다가 다시 출입할 때도 산소 농도와 유독 가스 농도 등 공기 상태를 재확인해야 하지만, 이러한 측정이 번거롭다 보니 잘 지켜지지 않아서 예방할 수 있었음에도 불구하고 밀폐공간 질식 재해가 발생하는 것이 현실입니다.

이러한 문제를 해결하고자 그림 6-3과 같은 'Smart Safety Ball'이 개발되었습니다. 이 기기는 산소, 황화수소, 일산화탄소를 감지할 수 있는 센서와 BLE(Bluetooth Low Energy) 모듈을 탑재하여 작업자와 안전 관리자에게 실시간으로 가스 농도 및 경보를 전달합니다. Smart Safety Ball의 크기는 휴대성과 현장 사

**그림 6-3. Smart Safety Ball**

출처: https://bit.ly/32zWaEo

**그림 6-4. 스마트폰으로 유독 가스 농도를 확인하는 모습**

출처: https://bit.ly/32zWaEo

용의 편리성을 고려해 제작되었습니다. 작업자는 안전한 위치에서 Smart Safety Ball을 밀폐공간에 투척하고, 스마트폰 앱을 통해 실시간으로 산소, 황화수소, 일산화탄소의 농도를 확인할 수 있습니다. 경고 발생 시, 앱은 작업자뿐만 아니라 사전에 등록된 비상 연락망에 있는 안전 관리자와 동료들에게 경고 메시지와 위치 정보를 전달하도록 설계되었죠. 이렇게 인공지능을 활용하여 센서로부터 수집된 가스 데이터를 스스로 처리하고 파악하는 기술의 개발로 유독 가스에 의한 질식사고를 예방할 수 있게 되었고, 더욱 안전한 작업환경을 확보할 수 있게 되었습니다.

## 피곤하고 힘든 일을 대신해 주는 인공지능

물류창고에서 작업하는 직원들은 시간당 평균 약 170건의 고객 주문을 처리하는 것으로 알려져 있어요. 하지만 하루 8시간 동안 지속해서 이러한 작업을 수행하기는 쉽지 않습니다. 정말 힘든 일이죠. 특히 한여름의 무더위는 작업자의 생산성을 크게 저하시킬 뿐만 아니라 작업자의 건강을 해치는 요인이 되기도 합니다. 이러한 어려움을 해소하기 위해 인공지능 기술이 도입되어 작업자를 대체할 수 있는 로봇이 매우 최근에 개발되었습니다.

이 인공지능 로봇은 최신의 딥러닝 기술을 활용하여 물류창고 내에서 필요한 물건을 놀라울 정도로 정확하게 식별하고 분류할 수 있습니다. 코베리언트라는 이름의 스타트업이 로봇 회사와 협력하여 개발한 이 로봇은 사람의 지시를 이해하고 그에 따라 행동할 수 있는 능력을 갖추고 있습니다. 예를 들어 "바나나를 집어라."라는 명령을 받으면, 바구니 안에서 바나나를 정확하게 인식하고 선택하여 지정된 장소에 배치할 수 있습니다. 이 인공지능 로봇은 대규모 언어 모델(LLM, Large Language Model)을 활용하여 인간과의 소통이 가능하며, 객체 탐지 기술(Object Detection Technique)을 사용해 물체를 정확하게 인식합니다. 이렇게 개발된 인공지능은 사용처의 특별한 데이터가 없어도 사전에 학습시킬 수 있다는 장점이 있습니다. 예를 들어 기계 부품의 식별을 위해서 미리 수집된 사진 데이터를 사용해, 또는 사진이 부족한 경우는 증강된 데이터를 활용해 인공지능을 학습시킵니다. 이렇게 하면 인공지능 시스템이 다양한 기계 부품을 정확하게 인식하고 분류할 수 있습니다. 또한 농산물 식별에도 비슷한 방법이 적용될 수 있습니다. 사전에 준비된 농산물의 사진 데이터를 통해 인공지능을 학습시키면, 이 시스템은 다양한 종류의 농산물을 효과적으로 식별할 수 있습니다. 이러한 방식은 농산물의 품질 검사나 분류 작업에 큰 도움이 됩니다. 이처럼 인공지능은 다양한 종류의 물류창고로 쉽게 확장하여 적용할 수 있습니다.

인공지능 로봇의 도입은 물류창고 작업자들의 노동 강도를 줄여줄 뿐만 아니라, 작업의 효율성과 정확성을 향상하는 결과를 가져옵니다. 또한 이러한 개발은 인공일반지능 연구자들이 그들의 연구 성과를 실제로 적용할 수 있는 유망한 분야로 주목받고 있으며, 이에 따라 미래 물류 산업에서 큰 변화가 예고됩니다. 이처럼 기술의 진보는 힘들고 반복적인 노동을 줄이는 방향으로 발전하며, 산업 전반에 걸쳐 더욱 스마트하고 안전한 작업 환경을 조성하는 데 기여하고 있습니다. 인공지능 로봇의 활용으로, 미래에는 물류창고에서 작업자의 과로로 인한 사고 소식이 사라지기를 기대합니다.

**6-5. 로봇이 스스로 물체를 식별하고 분류하는 모습**

출처: https://www.technologyreview.kr/ai-robots-take-over-warehouses

# 전기자동차 한 번 충전으로 더 멀리 주행하기

제조 현장에서 다시 일상생활로 돌아와서 살펴볼까요? 우리 눈에 쉽게 보이지 않지만, 데이터로부터 학습한 산업인공지능이 활용되는 곳은 곳곳에 있습니다. 이제 우리는 여러 주차장에 설치된 전기자동차 충전소를 쉽게 볼 수 있습니다. 전기자동차의 보급은 점차 증가하는 추세인데요. 이는 기존 내연기관 자동차가 발생시키는 환경문제가 점점 심각해지고 있기 때문이기도 합니다. 전기자동차를 운행하려면 충전이 필수적이며, 충전을 위한 배터리의 용량 한계도 존재합니다. 우리는 한 번 충전으로 가능한 한 멀리 이동할 수 있어야 합니다. 이는 전기자동차를 생산하는 기업뿐만 아니라 배터리를 제조하는 회사, 심지어 그의 공조시스템인 냉난방 시스템을 공급하는 기업도 함께 고민해야 하는 문제입니다.

특히 겨울철 배터리 수명 문제는 큰 고민거리예요. 낮은 기온에서 배터리의 수명이 짧아지는 것은 우리가 겨울에 스마트폰 배터리가 빨리 닳는 것을 경험하면서 이미 잘 알고 있는 현상입니다. 겨울철에는 자동차 내부의 난방이 필수적인데, 기존 내연기관 자동차는 엔진에서 발생하는 열을 이용하여 추가 에너지 소비 없이 난방을 제공할 수 있습니다. 반면 전기자동차는 배터리에서 열이 발생하기는 하지만, 내연기관 자동차만큼 충분하지 않습니다. 그래서 전기자동차는 전기를 사용하여 저항에 의한 열을 발생시키는 방식으로 난방을 하게 됩니다. 이러한 방식은 충전된 전기량이 제한되어 있기 때문에, 난방을 사용할 경우 주행 가능 거리가 크게 줄어든다는 단점이 있습니다. 그래서 자동차용 공조시스템을 생산하는 회사들은 에너지 효율적인 냉난방 시스템 제어 방법을 모색하기 시작했습니다. 인공지능 기술을 활용하여 냉난방을 더 효율적으로 제어할 수 있는 방법이 없을까 고민하기 시작한 것이죠. 이렇게 하면 겨울철에도 배터리 소모를 최소화하면서 효과적으로 난방을 할 수 있을 테니까요.

실제로 기존의 냉난방 제어 시스템은 전형적인 피드백 제어(feedback control)

방식을 활용합니다. 피드백 제어란 시스템의 출력을 측정하고, 그것을 목푯값과 비교하여 오차를 조절함으로써 원하는 성능을 유지하는 제어 과정입니다. 앞서 소개한 기존의 도금량 제어와 비슷하죠. 예를 들어 난방을 26℃로 설정하면 현재 온도와 비교해 26℃에 도달할 때까지 에너지를 사용합니다. 이러한 피드백 제어는 오차를 줄이는 것을 우선시하기 때문에 에너지 효율은 고려하지 않습니다. 즉, 오차를 줄이기 위해 필요한 만큼 에너지를 사용한다는 가정이 내포되어 있는 것이죠. 이런 문제의식에서 출발하여, 전기자동차의 냉난방 시스템에서도 효율적인 에너지 관리가 가능한 제어 시스템을 모색하게 되었습니다.

그 방법은 다음과 같습니다. 전기자동차를 다양한 환경에서 운행하면서 발생하는 실시간 데이터를 대량으로 수집합니다. 수집되는 데이터에는 주행속도, 외부온도, 차량의 내부온도, 차량 내 다양한 장치의 값 등이 포함되며, 압축기의 회전수와 같은 정보도 포함됩니다. 인공지능은 이렇게 모아진 데이터를 활용하여 수리적 모형을 통해 학습하고, 이를 통해 목표 온도를 유지하면서도 에너지 소비는 최소화하는 최적의 제어 방법을 찾아내게 됩니다. 마치 알파고가 바둑돌의 수를 최소화하면서 승률을 최대로 끌어올리기 위해 최적의 다음 수를 찾는 것처럼 말이죠. 이는 냉난방 시스템의 에너지 효율을 대폭 향상하고, 동시에 전기자동차의 주행 가능 거리를 늘리는 중요한 기술 발전으로 이어질 수 있습니다.

그림 6-6에서는 두 가지 다른 목표 온도에 대한 실험 결과 데이터를 보여주고

**그림 6-6. 피드백 제어(검은색)와 인공지능 제어(하늘색)의 비교**

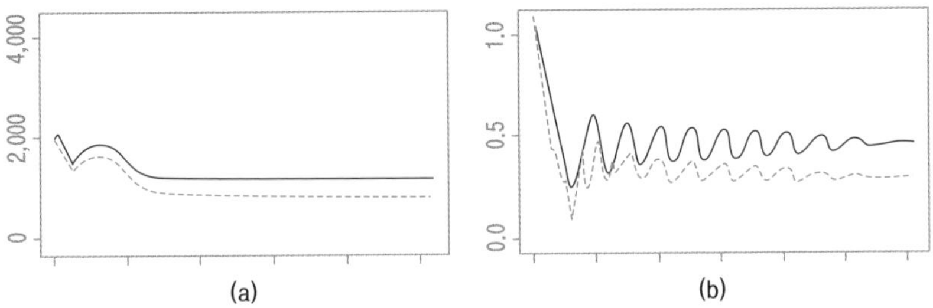

(a)          (b)

있는데, 검은색 선은 기존의 피드백 제어 방법을, 하늘색 선은 인공지능 제어 결과를 나타냅니다. 세로축은 사용된 에너지의 양을 보여주죠. 두 제어 방법 모두 목표로 한 차량 실내 온도는 달성했습니다. 하지만 하늘색 선이 검은색 선보다 낮은 위치에 있는 것을 볼 수 있는데, 이는 인공지능 제어가 기존 방법보다 더 적은 에너지를 사용하면서도 목표 온도를 맞췄다는 것을 의미합니다. 현재 이 기술이 상용화되지는 않았지만, 미래에 더 많은 전기자동차가 보급되면서 이러한 인공지능이 더 효율적으로 자동차의 냉방과 난방을 가능하게 할 것으로 기대합니다. 추가로, 이 시스템은 자동차에만 국한되지 않습니다. 우리가 사는 주거공간, 일하는 업무공간, 상업시설 등 다양한 공간에서 공조시스템이 사용되고 있죠. 언젠가는 인공지능이 에너지를 효율적으로 제어하는 시스템이 곳곳에 보급되어 널리 활용되며, 이를 통해 환경문제 해결에도 기여할 것으로 기대합니다.

# 산업인공지능의 미래와 산업공학

지금까지 인공지능이 다양한 산업에서 어떻게 활용되고 있는지 사례들을 통해 살펴봤습니다. 이를 '산업인공지능'이라고 구분하여 부르기로 했죠. 이러한 기술은 다양한 기계, 설비, 공장 등과 결합되어 일상생활 속에서 우리가 모르는 사이에 널리 활용될 것입니다. 이는 미래에 주목받을 분야임이 분명합니다. 특히 인공지능의 활용은 주로 최적화 문제와 관련이 많습니다. 지금까지 살펴본 사례들을 보면 엘리베이터의 최적 운영, 설비의 최적 제어, 물류창고의 효율적 관리, 공조시스템의 효율적 조정 등 모두 최적화와 관련이 깊습니다. 최적화는 산업공학이 오랫동안 연구하고 개선해 온 중요한 영역이죠. 인공지능이 점점 더 발전하면서 산업인공지능은 산업공학도로서 미래에 크게 기여할 수 있는 분야가 될 것입니다.

CHAPTER 7

# 물류
## 세상을 효율적으로 움직이는 힘

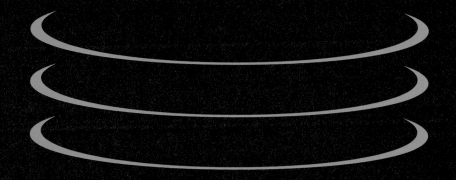

**김병인**
POSTECH 산업경영공학과 교수

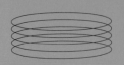

**물류(物流)란
단어 그대로
만물(物)의 흐름(流)을
다루는 분야입니다.**

영어로 물류를 뜻하는 logistics라는 단어는 전시 작전부대의 후방에서 무기, 탄약, 연료, 식량 등 필요한 물자의 소요를 판단하고 생산하여 조달하는 일련의 과정에서 기원하였습니다. 물류는 인류 역사에서 매우 중요한 문제였으며, 앞으로 더 다양한 분야에서 그 중요성이 더해질 것입니다. 물류는 매일의 삶에서 경험하는 문제와 연관이 있으며 생각보다 우리 가까이에서 접하고 있는 분야입니다.

물류(物流)란 만물(物)의 흐름(流)을 다루는 분야입니다. 만물에는 제품과 재화 등의 물건뿐 아니라 사람, 로봇, 자동차, 선박, 비행기 등도 포함될 수 있습니다. 우리가 해외직구로 며칠 만에 원하는 제품을 받을 수 있는 것도, 서울에서 포항으로 보낸 택배를 하루 만에 받을 수 있는 것도, 새벽 배송으로 신선한 식품을 받을 수 있는 것도 모두 물류 기술이 뒷받침해 주고 있기 때문입니다.

영어로 물류를 뜻하는 로지스틱스(logistics)라는 단어는 17세기 중반에 군사작전에서 사용된 수학적 계산을 설명하기 위해 처음 사용된 프랑스어 단어 'logistique'에서 유래되었는데, 무기, 탄약, 연료, 식량 등 필요한 물자의 소요를 판단하고 생산하여 조달하는 일련의 과정을 의미하였습니다. 물류는 인류 역사에서 매우 중요한 문제였으며, 앞으로 더 다양한 분야에서 그 중요성이 더해질 것입니다. 현재 물류는 세계 무역, 상업 및 운송을 원활하게 하여 세상을 움직이고 있습니다.

물류는 만물(상품, 서비스, 자동차, 사람 등) 및 정보의 이동을 계획하고 실행하며 통제하는 것을 포함합니다. 물류는 가장 적합한 제품(사람, 정보 포함)을 적합한 수량만큼 적합한 장소에 최적의 시간에 최소 비용으로 흐르게 하는 것을 목표로 합니다. 세계 각지의 도로, 철도, 항구, 공항, 공장, 창고, 가게 등이 물류를 보다 효율적으로 하기 위해 건설되어 왔습니다. 물류는 매일의 삶에서 경험하는 문제와 연관이 있으며 생각보다 우리 가까이에서 접하고 있는 분야입니다. 이번 장에서는 몇 가지 문제를 중심으로 물류가 어떤 분야를 다루는지 살펴보도록 하겠습니다.


## 물류의 꽃, 택배와 이커머스


고1 학생인 최적화는 수능에 대비하기 위해 EBS 영어 교재를 인터넷으로 주문하였습니다. 주문한 책은 택배로 다음 날 집에 안전하게 배달되었습니다. 이처럼 택배는 우리에게 일상이 되었고, 이런 신속한 배달은 물류 산업의 발전이 있기에 가능했습니다. 최근에는 당일 배송도 가능하게 되었습니다. 적화가 책을 주문한 후에 집에서 받아보기까지 어떤 일들이 일어났을까요?

먼저 주문된 책은 대형 창고의 선반에서 사람이나 로봇에 의해 선택되어 포장된 후 주문한 사람의 주소가 적힌 라벨을 갖게 됩니다. 그리고 그 책은 1톤 트럭에 실려 창고 주변에 있는 서브-허브(sub-hub)라는 집합소로 이동합니다. 서브-허브에서는 이렇게 모인 여러 택배 물건들을 도착지에 따라 수도권, 충청권, 호남권, 영남권, 강원권과 같이 크게 열 가지 정도로 분류합니다. 이렇게 분류된 택배 물량은 11톤 트럭에 실려 해당 권역을 담당하는 허브(hub)로 다시 이동합니다. 허브에 모인 물량은 도착지에 위치한 서브-허브별로 다시 분류되어 11톤 트럭에 실려 이동합니다. 서브-허브에 도착한 물량은 우리가 접하는 1톤 트럭 택배 기사들에 의해 집까지 배달됩니다.

생각했던 것보다 복잡한 과정이지요? 때로는 포항과 경주처럼 이웃한 지역 간의 택배도 대전 허브를 거쳐 먼 길을 돌아가기도 합니다. 물건 하나만 보면 경주는 포항 바로 옆이기 때문에 바로 보내면 좋을 것 같은데 그렇게 하면 비용이 훨씬 많이 들게 됩니다. 물건 하나하나를 목적지로 바로 배달하기 위해서는 더 많은 사람과 차가 필요하기 때문입니다. 이를 해결하기 위해 많은 연구들이 진행되어서 현재는 물량을 중심지로 모았다가 분배하는 허브앤스포크(Hub and Spoke) 방식이 활용되고 있습니다. 이 방식으로 물건을 배달하기 때문에 포항에서 경주로 가는 택배 물량도 대전 허브를 거치게 되는 것입니다.

우리나라의 택배 물량은 2022년에 42억 건, 2023년에 45억 건을 넘어섰습니다. 이는 하루 평균 1,233만 건에 해당하며, 국민 1인당 연간 80건이 넘고, 가구당으로 보면 연간 200건 이상으로, 세계적으로도 가장 높은 수치라고 합니다. 국내한 대형 택배사는 하루에 최대 866만 박스를 처리할 수 있고, 300여 개의 서브-허브, 20여 개의 허브, 24,000여 대의 1톤 트럭과 3,000여 대의 11톤 트럭을 활용하고 있습니다. 또한 많은 물량이 몰리는 대형 허브의 경우 축구장 40개 넓이에 총 컨베이어 길이 43 km의 설비로 하루 172만 건의 택배 물량을 처리할 수 있다고 합니다. 이렇게 거대한 물류 시스템을 효과적으로 사용하기 위해서는 산업공학에서 공부하는 최적화 기법을 적용하여야 합니다. 즉, 어디에 어느 정도 크기의 허브를 설치할 것이며, 어떤 경로를 통해서 택배 물량을 보낼 것인지를 결정해야 합니다. 주어진 자원을 어떻게 최적화하느냐에 따라 같은 물류 작업을 하면서도 비용을 획기적으로 줄일 수 있습니다.

택배 및 이커머스 산업은 오늘도 발전하고 있습니다. 최근에는 트럭, 드론, 배송 로봇을 함께 사용하여 보다 신속하고 저렴하게 배송을 하려고 시도하고 있습니다. 아마존 같은 이커머스 기업에서는 공중 물류센터에서 드론으로 상품을 배송하는 개념을 구상하기도 하였습니다. 또한 빅데이터를 활용하여 고객이 주문하기 전에 구매가 예상되는 물품을 예측하여 미리 포장해서 고객과 가까운 물류 창고에 준비해 놓고, 고객이 주문하면 바로 배송하는 방법까지도 시도하고 있습니다.

# 외판원 문제와 차량 경로 문제

이제 시야를 좁혀서 택배 기사의 업무를 살펴보겠습니다. 택배 기사가 배달해야 할 물건이 300개이고 배달지가 모두 다른 장소라고 한다면 어떤 순서로 배달하는 것이 배달 시간을 가장 줄일 수 있을까요? 모든 가능한 경로를 계산한다면 300!(factorial)개가 될 것입니다. 300!은 $3.06 \times 10^{614}$로, 세계 최고의 속도를 자랑하는 엑사급(Exa, 1초에 $10^{18}$ 이상의 연산 능력 보유) 슈퍼컴퓨터로도 수천만 년 동안에도 다 시도해 볼 수 없을 만큼 큰 수입니다. 택배 기사들이 암묵적으로 푸는 이 문제는 외판원 문제(TSP, Traveling Salesman Problem)라고 알려진 아주 유명

**그림 7-1. 외판원 문제(TSP)**

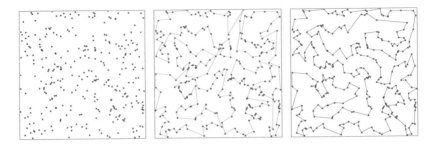

한 문제로, 외판원이 주어진 지점들을 한 번씩 방문하고 원래 위치로 돌아오는 최단 경로를 찾는 것입니다. 그림 7-1은 300개의 지점을 갖는 외판원 문제를 보여주고 있습니다. 방문하는 순서에 따라 가운데 그림은 76.21 km의 거리를 갖는 경로가 되고, 오른쪽 그림은 67.96 km 거리를 갖는 경로가 됩니다. 오른쪽 그림의 경로를 사용하면 가운데 경로보다 11% 짧은 거리를 이동하기 때문에 시간과 비용을 크게 줄일 수 있습니다.

외판원 문제의 적용 분야는 매우 많습니다. 요즘 가정에서 많이 사용하는 청소 로봇의 경로를 생성하는 데에 외판원 문제를 적용할 수 있습니다. 스마트폰의 칩을 만들 때도 이 문제가 활용됩니다. 전자 칩의 경우 로봇이 조립하는 과정에서 부품을 어떤 순서로 어느 위치에 조립할지 결정하는 문제는 로봇의 이동 거리를 최소화하는 외판원 문제가 됩니다. 또한 선박 조립 공정에서 용접 로봇들의 작업 순서를 결정하는 문제에도 외판원 문제를 적용할 수 있습니다. 그림 7-2는 3개의 갠트리 타입 용접 로봇의 용접 순서를 결정하는 문제를 외판원 문제 알고리즘을 활용하여 해결한 예시를 보여줍니다. 실선으로 표현된 것은 용접 라인이고, 점선으로 표현된 것은 용접하지 않고 이동하는 것을 의미합니다. 각 라인에 표기된 숫자는 작업 순서를 나타내며, 색깔은 갠트리 로봇을 구분하여 표현한 것입니다.

다시 택배 기사의 문제로 돌아가 보겠습니다. 앞에서 택배 기사는 본인이

**그림 7-2. 세 대의 용접로봇의 작업 순서 결정**

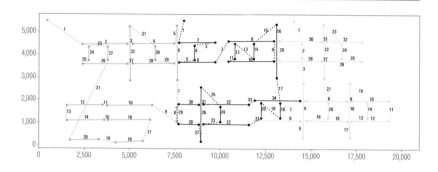

원하는 순서대로 배달해야 할 지점들을 방문해도 되는 것으로 생각했습니다. 그런데 이제 각 지점들을 방문할 수 있는 시간이 정해져 있다고 가정해 보겠습니다. 예를 들어 최적이네는 10시에서 10시 30분 사이에 택배를 받기를 원하고 물류네는 12시에서 12시 40분 사이에 택배를 받기를 원합니다. 각 고객이 원하는 도착 시간을 모두 만족시키면서 짧은 경로를 찾는 것은 매우 어렵습니다. 이 문제는 시간 제약이 있는 외판원 문제(Traveling Salesman Problem with Time Windows)로 알려진 것으로, 사람 머리로 풀기는 매우 어렵습니다. 산업공학에서는 이런 문제들을 컴퓨터 프로그래밍을 통해 풀고 있는데, 최근에는 인공지능 알고리즘을 활용하려는 시도를 하고 있습니다.

앞서 이야기한 외판원 문제는 외판원이 한 명만 있다고 가정하는데, 주어진 지점들을 방문하되 여러 명의 외판원이 나누어서 방문한다면 어떻게 될까요? 실제로 택배 문제에서는 택배 기사들이 여러 명 있습니다. 그렇다면 이는 그림 7-3과 같이 방문해야 할 지점들을 어떻게 분할하고, 어

**그림 7-3. 차량 경로 문제(VRP)**

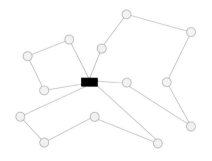

떤 경로로 방문하게 하는 것이 좋을지에 대한 문제가 됩니다. 이런 문제를 차량 경로 문제(VRP, Vehicle Routing Problem)라고 하는데, 응용 분야가 매우 넓은 유명한 문제입니다. 필자는 이 분야의 연구를 20년 이상 하고 있는데, 미국의 대형 쓰레기 수거 회사의 문제에 최적화 기법을 적용하여 2천 대 이상의 트럭을 줄일 수 있었습니다. 청소차 1대를 1년간 운영하는 데 약 2억 원이 필요하니 연간 약 4천억 원을 줄이는 효과가 있었던 셈입니다.

차량 경로 문제는 카카오 택시와 같은 수요 응답형 모빌리티 서비스부터 배달의 민족, 요기요, 쿠팡이츠와 같은 음식 배달 업무까지 다양한 분야에 적용됩니다. 음식 배달업에서 실시간으로 들어오는 주문을 효율적으로 처리하기 위해 움직이고 있는 배달원들에게 어떻게 경로를 할당할 것인가에 관한 문제는 동적 차량 경로 문제(Dynamic Vehicle Routing Problem)입니다. 주문한 고객들을 너무 오래 기다리게 하면 안 되지만, 고객의 기다리는 시간을 줄이려고 너무 많은 배달원을 고용하게 되면 비용이 커지게 됩니다. 따라서 적정 인원을 유지하면서도 효율적으로 주문을 배달원에게 할당해야 하고, 배달원들은 최적의 경로를 활용하여 고객에게 음식을 배달할 수 있어야 합니다. 이렇게 주문을 효율적으로 배달원들에게 할당하고, 최적의 경로를 활용하여 음식을 배달하는 방법을 찾는 것 또한 물류 최적화의 영역입니다. 또한 차량 경로 문제는 반도체 공장에서 물류를 담당하는 무인자동차(OHT, Overhead Hoist Transport; AGV, Automated Guided Vehicle; AMR, Autonomous Mobile Robot)의 제어에도 적용되고 있습니다.

## 최적으로 짐 싣기

이제 여러 대의 차량 또는 선박에 어떻게 짐을 나누어 싣는 것이 좋은지에 대해 생각해 보겠습니다. 각각 무게가 2, 2, 2, 3, 3, 4, 5, 6, 8톤인 컨테이너들을 선박에 싣고자 하는데 하나의 선박에 12톤의 짐을 실을 수 있는 여력이 있다면 몇 척의 선박이 필요하고 어떤 식으로 싣는 것이 좋을까요?

이 문제는 빈팩킹 문제(Bin Packing Problem)로서, 주어진 물건들을 통(bin)에 담는 상황에서 최소한으로 필요한 통의 수는 몇 개이며 어떤 식으로 담아야 하는가의 답을 찾는 문제입니다. 앞의 문제와 같이 무게 조건만 생각하는 것은 1차원 빈팩킹 문제이며, 두 가지 조건(예: 무게와 부피, 또는 가로 길이와 세로 길이)을 따져야 하는 경우 2차원 빈팩킹 문제, 세 가지 조건(예: 가로, 세로, 높이)을 따져야 하는 경우 3차원 빈팩킹 문제가 됩니다. 물론 4차원 이상의 빈팩킹 문제도 존재합니다.

수천 개의 물건을 수백 대의 차량에 싣는 것과 같이 문제의 크기가 큰 빈팩킹 문제는 고려해야 하는 경우의 수가 무수히 많아지므로 최적해를 구하기는 매우 어렵습니다. 이런 문제를 풀기 위해 최적은 아니지만 충분히 좋은 해를 빠른 시간 안에 구할 수 있는 여러 방법들이 고안되었는데, 여기서는 가장 많이 사용되는 대표적인 방법을 소개하겠습니다.

먼저 선박에 실어야 하는 컨테이너들을 무게가 큰 순서로 정렬합니다. 위 문제의 경우 8, 6, 5, 4, 3, 3, 2, 2, 2톤의 컨테이너로 줄을 세웁니다. 그런 후에 순서대로 선박에 싣는데, 현재까지 사용된 선박에 실을 수 있으면 싣고 그렇지 않으면 새로운 선박을 사용하여 싣는 과정을 반복합니다. 즉, 가장 무거운 8톤 컨테이너를 첫 번째 선박에 싣고, 6톤 컨테이너는 첫 번째 선박에 실을 수 없으니 다음 선박에 싣습니다. 다음으로 무거운 5톤 컨테이너는 첫 번째 선박에는 실을 수 없지만, 두 번째 선박에는 실을 수 있습니다. 이어서 4톤 컨테이너는 첫 번째 선박에 싣고, 나머지 컨테이너들은 모두 세 번째 선박에 싣습니다. 따라서 해는 그림 7-4와 같게 됩니다. 이 방법을 사용하면 문제에 따라 최솟값보다 큰 값을 얻게 되기도 하지만, 이 문제의 경우에는 운이 좋게도 최적해를 구할 수 있었습니다. 왜냐하면 전체 컨테이너 무게의 총합인 35톤을 선박의 용량 12톤으로 나눈 수의 올림 값인 3이 가능한 최소 선박 수인데, 앞에서 구한 답이 3대의 선박

그림 7-4. 컨테이너를 선박에 최적으로 적재하는 방법

을 사용하기 때문입니다.

빈팩킹 문제의 응용 분야로는 트럭, 선박, 비행기에 화물을 싣는 것뿐 아니라, 주어진 종이, 천, 강철판, 유리 등의 원재료에서 필요한 크기의 제품들을 어떻게 잘라서 사용하는 것이 가장 경제적일 것인가 하는 문제와도 밀접한 연관이 있습니다. 이런 문제는 절단 평면 문제(Cutting Stock Problem)로 불리며, 산업공학의 물류 최적화 분야에서 활발하게 진행되고 있는 연구 중의 하나입니다.

# 어디에, 어떻게, 얼마나 많이

우리가 접할 수 있는 일상 속에서의 물류 문제의 예로서 수많은 상품이 있는 대형마트를 생각해 보겠습니다. 어떤 상품은 10개가 비치되어 있는가 하면, 어떤 상품은 100개가 비치되어 있습니다. 상품들이 서로 다른 수로 비치되는 이유는 상품의 판매량에 따라 재고를 결정하기 때문입니다. 또한 상품이 얼마나 팔리느냐와 함께 고려해야 할 것은 어디서 상품들을 가져오느냐일 것입니다. 아주 먼 곳에서 가져온다면 가까이에서 가져올 때보다는 한 번에 많이 가져오는 것이 배송 비용을 줄일 수 있습니다. 따라서 상품을 쌓아두는 물류창고의 위치가 중요한 고려 요소가 됩니다.

물류 문제에 대한 의사결정은 이외에도 다양합니다. 상품이 움직이는 경로들을 고려하여 상품을 쌓아두는 물류창고를 어디에 세울지를 결정해야 하거나, 한 걸음 더 나아가 물건을 생산하는 공장을 어디에 짓는 것이 좋은지를 결정해야 합니다. 공장 및 물류센터의 입지 선정과 설비 배치 문제는 모든 기업이 풀어야 하는 매우 중요한 문제입니다. 더구나 지금은 세계화 시대이기 때문에 전 세계를 염두에 두고 입지 선정 및 설비 배치 문제를 풀어야 합니다. 또한 입지 선정 문제는 비단 제조업에만 국한되는 것이 아니라 비행장을 어디에 설치해야 하는지, 병원이나 소방서를 어디에 설치하는 것이 좋은지, 군부대를 어디에 설치하고 군수물자는 어떻게 이동하는 것이 좋은지 등의 많은 분야에 응용할 수 있습니다.

# 물류의 확대: 자동차와 사람의 흐름

앞에서 물류란 만물의 흐름을 다루는 분야라고 설명하였습니다. 그런데 '물(物)'이 항상 물건만 가리키는 것은 아니라 때로는 자동차나 사람이 될 수도 있습니다. 즉, 자동차의 흐름, 사람의 흐름도 중요한 물류 분야입니다.

도로의 교통 흐름을 원활하게 하기 위해서는 신호등 주기를 최적으로 설정하고 교차로 간에 신호 동기화를 이루어야 합니다. 또한 자율주행차들이 많아지는 미래에는 교통 제어를 어떻게 하는 것이 최적일 것인가에 대한 연구도 물류 최적화 분야에서 다루고 있습니다.

또한 버스 노선 또는 지하철 노선의 디자인에는 여러 가지 과학적 기법들이 사용됩니다. 좋은 노선이란 많은 사람이 각자가 원하는 출발지에서 목적지까지 편안하고 빠르게 갈 수 있게 하는 노선이어야 합니다. 여러 번 갈아타야 한다거나 멀리 돌아가는 노선이라면 좋다고 말하기 어렵습니다. 따라서 노선 디자인을 위해서 가장 먼저 알아야 할 것은 사람들이 어느 시간대에 어디에서 어디로 얼마나 이동하느냐에 관한 정보일 것입니다. 우리나라에서는 대부분의 사람들이 교통카드를 사용하기 때문에 이런 정보를 알기가 훨씬 쉽습니다. 이를 이용하여 보다 많은 사람이 보다 편리하게 이용할 수 있도록 노선을 디자인할 수 있습니다.

노선에 포함되는 정거장을 결정하는 것과 함께 고려해야 할 중요한 사항은 바로 배차 간격입니다. 각 노선에서는 어느 시간대에 얼마의 간격으로 차량을 배차할지를 결정하는 것이 필요합니다. 대다수의 노선은 시간대에 따라 이용자수가 다르기 때문에 일정한 배차 간격을 유지하지 않습니다. 모든 사람에게 편리하게 하기 위해서는 가능한 많은 수의 차를 배차시키는 것이 좋겠지만, 그렇게 하면 버스나 지하철 운영비가 과다하여 회사에 손실이 발생할 수도 있습니다. 따라서 비용을 최소화하면서도 승객의 편의를 최대화하는 것이 노선 디자인의 목적이라고 할 수 있습니다.

사람의 흐름 관점에서 이번에는 병원을 생각해 보겠습니다. 우리나라에 있는 한 대형병원에는 하루 평균 약 1만 4천 명의 외래환자가 방문한다고 합니다. 환자들은 대중교통이나 자가용으로 병원에 도착하여 접수, 진료, 검사, 재진료 및 처방, 수납 등의 과정을 거치고 병원에서 나옵니다. 병원에는 의사, 간호사, 행정 직원 등의 많은 사람이 각자 역할을 맡아 쉴 새 없이 일합니다. 하지만 여기서 문제는 같은 병에 의한 진료를 받더라도 병원에 따라 기다리는 시간 및 진료 시간이 다르다는 것입니다. 예를 들어 종합 건강검진을 받을 때 어떤 병원에서는 1시간이 걸리는데, 비슷한 규모의 다른 병원에서는 3시간이 걸리기도 합니다. 병원의 프로세스와 배치가 얼마나 잘 정돈되어 있느냐에 따라 환자의 대기 시간이 크게 달라지는 것입니다. 병원은 환자들이 물 흐르듯이 자연스럽게 흘러갈 수 있도록 프로세스와 부서, 의료진들을 효과적으로 배치하여 전체 시스템의 효율성을 높여야 합니다. 병원 프로세스 최적화의 예로는 수술실 스케줄링, 간호사 근무표 작성 등을 들 수 있습니다. 경북 포항에 있는 중형병원의 경우 15여 개의 수술실이 있으며, 1천여 명의 간호사들이 근무하고 있습니다. 효과적인 수술실 스케줄링을 통해서 환자들에게는 보다 정확한 수술 정보를 제공해 줄 수 있고, 의료진들에게는 보다 효율적으로 수술을 진행하게 할 수 있습니다. 20명 가량의 간호사들이 근무하는 한 병동의 월간 근무표를 수간호사가 수작업으로 작성할 때에는 6시간 이상이 소요되는데, 효과적인 간호사 근무표 작성 프로그램을 활용하면 10분 이내에 작성할 수 있을 뿐 아니라 간호사들의 근무 요구사항을 만족시키면서도 간호사들 간에 공평한 근무를 하게 할 수 있습니다. 이처럼 제조업과 유통업에서 활발히 적용되던 물류 최적화 기법들이 이제는 서비스업으로 확대되고 있습니다.

사람의 흐름 관점으로 바라본 다른 예로 엘리베이터의 운영과 빌딩에서의 대피 과정을 생각해 볼 수 있습니다. 대형 빌딩에 엘리베이터를 몇 대 설치하는 것이 좋을지, 만약 10대의 엘리베이터를 설치한다면 어떻게 운영하는 것이 최적일지 등은 전형적인 물류 문제입니다. 또한 영화관 등에서 비상시 사람들이 대피해야 하는 경우에 모든 사람이 대피하는 데 시간이 얼마나 걸리는지, 효과적으로 대피시키는 방법은 무엇인지, 이때 만약 노약자나 장애자가 있다면 대피시간이 어떻게 바뀌며 대피 방법은 어떻게 바꾸는 것이 좋을지 등에 대해 최적해를 구할 수 있다면 비상시 소중한 생명을 더 많이 구할 수 있습니다. 효과적인 대피 정책을 찾기 위해서는 많은 사람이 실제로 빌딩에서 대피해 보고 다양한 대피 방법들을 테스트해 봐야 합니다. 하지만 그렇게 하는 것은 비용이 너무나 많이 들 뿐만 아니라 실행하기가 거의 불가능합니다. 이때 사용할 수 있는 방법이 컴퓨터 시뮬레이션 또는 디지털 트윈입니다. 시뮬레이션은 컴퓨터 게임과 유사한데, 그림 7-5에서 보이는 것처럼 건물과 사람들을 컴퓨터상에 모형으로 만들고 모의실험을 해보는 것입니다.

시뮬레이션을 활용하면 빠른 시간에 다양한 조건에서 실험할 수 있습니다. 필자가 참여한 연구에서는 사물인터넷(IoT, Internet of Things)과 물류 최적화 기법을 이용하여 효과적인 대피경로를 실시간으로 제시하는 시스템을 개발하였

그림 7-5. 영화관에서의 대피 시뮬레이션

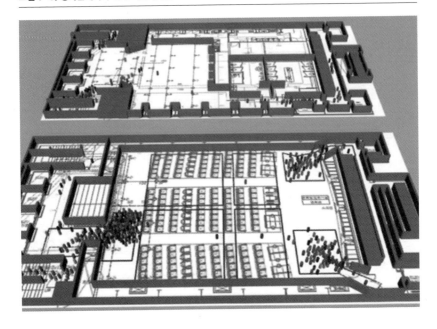

는데, 시뮬레이션을 이용하여 그 시스템의 효율성을 확인하였습니다. 개발된 시스템은 IoT 센서들을 건물에 배치하여 화재가 발생할 때 어디에서 발생했는지 실시간으로 파악할 수 있게 하고, 그 정보를 이용하여 최적의 대피경로를 제시하며, 그 경로를 IoT 센서를 통해 방송과 화살표로 안내하도록 구성되었습니다. 지금까지 사용되고 있는 비상구 유도등은 실시간 정보를 반영하지 못하고 있으므로 막힌 길로 인도할 수도 있는 데 반해, 새로이 개발된 시스템은 실시간으로 변경되는 상황을 인지하여 효과적인 대피경로를 안내할 수 있습니다. 이처럼 효과적인 시스템과 대피 정책을 만들어 적용하면 비상시 소중한 생명을 더 많이 구할 수 있습니다.

이외에도 사람의 흐름 관점에서 생각해 볼 수 있는 물류 문제들은 매우 많습니다. 공항에는 사람들이 비행기를 타고 내리는 게이트들이 있는데, 어떤 게이트를 어느 비행편에 배정할 것인가도 사람의 흐름 관점에서 다양하게 고려하여 결정합니다. 또한 서울역과 같은 역사 안의 배치 문제, 공장 내 기계의 배치 문제, 대형 창고 선반 배치 문제, 대형마트의 상품 진열 문제, 관공서의 배치 문제 등도 사람의 흐름을 생각해야 하는 매우 중요한 물류 최적화 문제들입니다.

## 물류의 미래

앞에서 여러 가지 물류 문제들을 살펴보았는데, 물류는 우리 생활과 연관된 매우 실제적이고 흥미 있는 분야입니다. 사람의 몸에서 피가 흐르면서 산소와 영양분을 공급하듯 물류는 세상을 움직이게 하는 요소입니다. 물류 문제는 우리 주변에 다양하게 존재하며 인류가 존재하는 한 없어지지 않을 것입니다. 최근 물류 분야의 화두로는 온실가스와 에너지 사용을 최소화하는 것과 빅데이터와 인공지능을 이용한 스마트 물류를 들 수 있습니다. 앞으로 자율주행 자동차, 드론, 로봇, 하이퍼루프와 같은 초고속 튜브 열차 등이 상용화되면 새로운 물류 문제들이 더 많이 발생할 것입니다.

택배 및 이커머스를 포함한 물류 관련 회사는 물론이고, 생산 및 유통을 담당하는 다양한 기업, 교통 등 공공 물류를 담당하는 정부기관, 국제 구호 및 국제 개발 등을 담당하는 비영리 국제기구 등에서 물류 전문가를 필요로 합니다. 의사가 환자를 진찰하고 진단하여 치료하듯, 물류 전문가는 다양한 물류 문제들을 찾아내어 증상을 진단하고 해법을 제시하는 산업체 의사의 역할을 담당합니다.

CHAPTER 8

# 생산경영
## 산업공학의 종합 예술

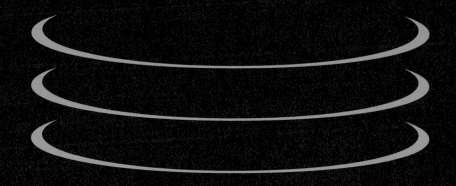

이동호
한양대학교 산업공학과 교수

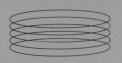

## 생산과 생산경영이
## 왜 중요할까요?

최적화 양은 이산공 군과 통화하다 문득 매일 쓰고 있는 스마트폰이 어디서 어떻게 만들어지는지 궁금해졌습니다. 궁금함을 해결하기 위해 수소문 끝에 한 스마트폰 공장의 공장장님을 소개받고, 공장 견학의 기회를 얻어 스마트폰이 만들어지는 과정을 직접 눈으로 보았습니다. 최적화 양은 이산공 군과 함께한 공장 견학에서 우리가 일상에서 사용하는 스마트폰이 다양한 회사들이 공급하는 수많은 부품으로 구성되며, 체계적인 과정을 통해 만들어진다는 것을 알게 되어 '생산'이라는 말을 실감하게 되었습니다. 그리고 이 복잡한 생산과정을 효율적으로 관리하고 계시는 공장장님의 생산경영 업무가 매우 중요함을 깨닫고, 견학을 허락하신 공장장님을 존경하는 마음으로 생산경영 분야의 인재가 되어 산업에 이바지해야겠다고 생각했습니다.

본 장에서는 산업공학의 다양한 방법론들이 활용되는 대표적인 응용 분야인 생산경영을 소개합니다. 먼저, 생산과 생산시스템에 대한 기본 개념 및 생산시스템의 주요 성능지표인 생산성을 설명한 후, 생산성 향상 측면에서 산업공학의 역할을 소개합니다. 다음으로 생산경영이 무엇인지 설명한 후, 주요 세부 분야인 생산전략, 생산 용량 및 입지, 제품/서비스 설계, 수요예측, 공정설계, 생산계획 및 스케줄링, 재고관리에 대한 기초를 소개합니다. 마지막으로, 4차 산업혁명 시대를 대비하는 생산경영의 미래에 대하여 제언하고자 합니다.

# 생산과 생산시스템

인류의 경제활동은 크게 생산과 소비라는 두 가지 큰 축으로 구성되며, 이 중 생산은 자연으로부터 원료를 채취하여 우리의 일상생활 영위에 필요한 물건들을 만든다는 점에서 매우 중요한 경제활동입니다. 예를 들어 고대 수렵을 위한 돌도끼, 중세 전쟁에 대비한 성곽, 현대 필수품인 스마트폰 등이 생산을 통하여 만들어지며, 이 물건들은 해당 시대의 삶의 질 향상에 결정적인 역할을 하였습니다. 다시 말해, 생산이라는 경제활동 없이 인류가 현재의 삶을 지속할 수 없음은 주지의 사실이며, 오늘날과 같은 풍요로운 삶의 근원에는 생산이라는 활동이 있는 것입니다. 특히 자연으로부터 채취하는 자원의 효율을 높이고, 동시에 좀 더 가치 있는 제품과 서비스를 발명해 오면서 다양한 자연과학과 공학 분야가 발전해 왔습니다.

일반적으로 생산이란, 투입물을 산출물로 변환시키는 과정으로 정의할 수 있습니다. 여기서 투입물로는 4M이라고 하는 인력(man), 장비(machine), 원자재(material), 방법(method)이 있으며, 이는 생산 현장에서 관리해야 할 주요 데이터이기도 합니다. 그리고 산출물은 크게 재화(goods)와 서비스(service)로 분류되며, 재화의 생산을 주로 하는 것을 제조업(manufacturing industry), 서비스의 생산을 주로 하는 것을 서비스업(service industry)이라고 하는 것은 잘 알고 계실 것입니다. 제품과 서비스를 여러 특성에 따라 구분하던 과거와는 달리, 현재는 제품과 서비스를 동시에 제공하는 제품의 서비스화(product servitization)와 서비스의 제품화(service productization)라는 개념으로 통합되어 가고 있습니다. 예를 들어 스마트폰을 판매하며 동시에 콘텐츠를 제공하는 것은 제품의 서비스화에, 미용실에서 샴푸를 판매하는 것은 서비스의 제품화에 해당합니다. 마지막으로, 변환에는 크게 원자재의 형상, 특성 등의 변환과 관련되는 공학 측면의 물리적·화학적 변환과 원자재 대비 산출물의 가치가 향상되는 경제 측면의 가치 변환이 있으며, 이 두 가지 측면의 변환을 동시에 고려해야 의미 있는 생산과정이 됩니다.

다음으로, 시스템이란 산업공학이라는 학문의 주 대상(domain)으로, 일반적으로 어떤 목적을 달성하기 위하여 서로 관련되는 구성요소들의 집합으로 정의할 수 있습니다. 이러한 시스템 개념 아래에 생산시스템(production system)은 투입물을 원하는 산출물로 변환하는 기능을 수행하는 다양한 구성인자의 총체라고 정의됩니다. 구체적으로는 앞에서 설명한 생산이라는 변환 활동이 수행되는 곳으로, 제조업의 경우 공장(factory)을 의미하고, 서비스업의 경우 장소적 변환에 해당하는 운송 시스템(transportation system), 교환적 변환에 해당하는 유통 시스템(distribution system), 생리학적 변환에 해당하는 의료 시스템(medical system) 등 다양한 형태가 있습니다. 이 중 공장이라는 개념은 산업혁명 이후에 출현하였고, 인류의 역사에서 보면 불과 몇백 년에 불과합니다.

변환 과정으로서 생산 개념을 기반으로 생산시스템을 도식화하면 그림 8-1과 같이 나타낼 수 있습니다. 앞에서 설명한 바와 같이 투입물로는 4M에 해당하는 인력, 장비, 원자재, 방법이 있고, 생산시스템은 이를 재화나 서비스와 같은 산출물로 변환합니다. 이러한 변환 과정에는 불량품과 다양한 폐기물들이 발생하는데, 각각 품질 및 환경문제와 밀접한 관련이 있습니다. 이 중 폐기물은 환

**그림 8-1. 생산시스템의 개념**

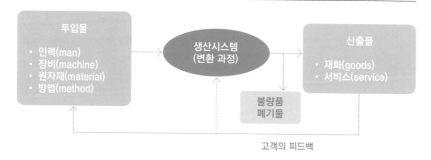

경, 경제, 사회의 지속가능성(sustainability)과 밀접한 관련이 있어 매립, 소각 등과 같은 전통적인 방식 대신 다시 사용할 수 있도록 하는 다양한 순환 경제(circular economy) 방식의 처리에 관심이 높아지고 있습니다. 예를 들어 화학제품 생산의 경우 폐기물을 다른 제품의 원료로 사용하여 환경성과 경제성을 동시에 얻을 수 있는데, 이를 연구하는 분야를 산업생태학(Industrial Ecology)이라고 합니다. 그리고 그림 8-1에서 재화와 서비스를 소비하는 고객의 다양한 피드백은 투입물 또는 변환 과정에 반영되어 산출물이 지속해서 개선 또는 혁신됩니다.

## 생산성과 산업공학

주지하듯이 증기기관을 통한 기계화로 설명되는 1차 산업혁명 이전의 생산 활동은 개인 혹은 가족의 가내수공업 형태로 수행되었습니다. 이에 낮은 품질의 제품과 서비스를 높은 가격에 소량으로 제공할 수밖에 없어 그 혜택을 보는 사람이 매우 제한적이었습니다. 하지만 1차 산업혁명이 성숙해 가는 시점에 기술이 발전하고 인구 또한 급격히 증가하여 낮은 가격에 높은 품질로 제품과 서비스를 대량으로 공급해야 하는 상황에 부딪혀 이를 실현할 수 있는 현대적 의미의 공장이 등장하게 되었고, 더불어 생산성의 개념이 중요해지기 시작합니다. 사실상 2차 산업혁명의 전기 동력에 의한 대량생산과 3차 산업혁명의 컴퓨터와 인터넷을 활용하는 정보화와 자동화는 생산성의 혁신적 향상의 역사로 볼 수 있습니다.

생산성(productivity)이란 앞에서 설명한 변환 과정 측면에서 보면 생산요소의 투입과 그 생산요소를 사용하여 생산활동을 한 결과로 나타난 산출의 비율로 정의할 수 있고, 이를 평균 생산성이라고 합니다. 즉, 생산성이 높다는 것은 적은 투입으로 많은 산출을 얻는 것을 말하며, 높은 생산성은 일반적으로 낮은 가격에 제품이나 서비스를 제공할 수 있음을 의미합니다. 사실상 현재와 같은 풍요로운 삶은 근본적으로 높은 생산성으로 가능해졌고, 이러한 생산성 향상의 역사는 애덤 스미스(Adam Smith)의 분업을 의미하는 전문화(specialization), 미국 남북전쟁 시 소총의 대량생산에 활용한 엘리 휘트니(Eli Whitney)의 표준화(standardization), 프랭크/릴리언 길브레스(Frank/Lilian Gilbreth)의 동작연구로부터 출현한 단순화(simplification), 산업공학과 현대 경영학의 아버지로 불리는 프레더릭 테일러(Frederick Taylor)의 과학적 관리로 대변되는 과학화(scientification) 및 이들의 총체인 체계화(systemization)로 정리되는 5S로 설명할 수 있습니다. 사실상 현재와 같은 높은 생산성을 갖춘 생산시스템은 이 5S가 실현되는 장으로 보면 되며, 최첨단 인공지능과 정보통신 기술 기반의 4차 산업혁명 역시 스마트화(smartization)를 통해 생산성을 혁신적으로 향상하는 과정으로 볼 수 있습니다. 산업공학에 관심을 가지고 계시는 여러분들도 현재 화두가 되는 생산 스마트화에 이바지하는 역사적인 인물이 되고 싶지 않으신가요?

이제 생산성의 개념을 이해하셨으면, 생산활동에서 산업공학의 역할을 설명할 수 있겠지요? 이는 생산이라는 변환 과정의 생산성을 최대화하도록 생산시스템을 어떻게 구성하고 운영해야 하는지와 관련이 있습니다. 다른 공학 분야와는 달리 산업공학의 매력은 바로 주어진 자원을 효율적으로 활용하여 투입을 줄이거나 산출을 늘리는 생산성 향상에 있고, 이는 최적화(optimization)와 밀접한

**그림 8-2. 생산성 향상 관련 주요 인물**

애덤 스미스

프레더릭 테일러

엘리 휘트니

길브레스 부부

관련이 있습니다. 또한 기계학습으로 대표되는 현재의 인공지능 기술도 일종의 최적화로 볼 수 있어, 여러분이 산업공학을 전공하게 되면 다양한 최적화 및 인공지능 기법들을 배우게 됩니다.

예를 들어 자동차의 외형인 차체를 만드는 프레스 공정의 경우 차체에 필요한 부품은 제철소로부터 철판을 구매한 후 절단하여 만듭니다. 이 과정에서 부품을 만들고 남는 부분은 어쩔 수 없이 버리거나 재활용하는데, 주어진 다양한 형태의 부품들을 어떻게 절단해야 철판의 버려지는 부분을 최소화할 수 있을까요? 이는 재미있는 최적화 문제이기도 하고, 프레스 공정 담당자의 현장 문제이기도 합니다. 즉, 산업공학에서 다루는 생산경영의 핵심은 주어진 설비, 자재, 인력 등의 자원을 최적으로 활용하는 방법을 개발하고, 현장에 적용하는 것이라고 할 수 있습니다. 산업공학 개념의 창시자인 테일러가 여러 생산 현장에 대한 생산성 향상 경험을 바탕으로 《과학적 관리기법(The Principles of Scientific Management)》이라는 논문을 발표한 이후, 이 개념을 바탕으로 더욱 전문화된 다양한 산업공학 방법론들을 적용하여 성과를 본 대상이 바로 공장이라는 점에서 생산경영은 산업공학의 종합 예술로 볼 수 있습니다.

## 생산경영이란?

생산과 생산시스템, 생산성의 개념을 이해했다면 이제 본격적으로 생산경영이 무엇이고 어떠한 세부 분야들이 있는지 살펴보겠습니다.

### 기초

먼저, 생산경영과 가장 밀접한 관련이 있는 운영관리(operations management)를 소개하겠습니다. 운영관리는 산업공학의 주요 분야 중 하나로 과거에는 생산관리라고 불렸으나, 그 대상이 제조뿐만이 아니라 서비스까지 확장되어 현재에는 운영관리라는 용어를 더 많이 사용합니다.

운영은 넓은 의미로는 프로세스(process)로, 앞에서 설명해 드린 바와 같이 입력을 고객이 원하는 산출로 가치를 증진하며 변환하는 과정을 의미합니다. 국가, 기업, 학교, 병원 등 우리가 일상생활에서 접하는 모든 조직에서는 쉽게 말해 뭔가 돌아가고 있다는 의미의 프로세스라는 변환 과정이 있습니다. 또한 좁은 의미의 운영이란 경제의 주요 주체인 기업의 다양한 기능 중의 하나로 볼 수도 있습니다. 제조업이든 서비스업이든 기업의 주요한 기능에는 무엇이 있을까요? 가장 기본적으로는 제품이나 서비스를 만드는 생산, 운영에 필요한 자금을 획득하고 지출하는 재무, 그리고 생산한 제품이나 서비스를 판매하는 마케팅이 있습니다. 이 중 생산이라는 기능이 좁은 의미의 운영이라고 볼 수 있으며, 이와 관련된 기업의 직책으로는 생산관리 담당자, 공장장, 운영 총괄 책임자(COO, Chief Operations Officer) 등이 있습니다.

다음으로, 관리의 의미는 무엇일까요? 넓은 의미의 관리란 경영학 관점에서는 어떤 조직의 목표를 달성하기 위해 조직 구성원들을 이끌어가는 과정으로 볼 수 있습니다. 또한 산업공학 관점에서는 어떤 시스템의 목적에 맞도록 대상 시스템의 설계와 운영에 필요한 최적의 의사결정(decision making)을 하는 과정으로 볼 수 있습니다. 여러분들도 시시각각 다양한 의사결정을 하며 살아가고 있지요? 즉, 이러한 의사결정들이 모여 여러분의 삶이 운영되고 있는 것이라고 생각하면 운영의 의미를 이해하기 쉽습니다.

운영관리의 의미를 이해하셨으니 이제 산업공학 관점에서 생산경영을 이해할 수 있겠지요? 생산경영이란 생산시스템의 목표를 달성하기 위한 다양한 최선의 의사결정을 체계적으로 하는 것입니다. 예를 들어 제조업의 경우 고객 요구에 대응하는 제품을 선정하는 것, 제품 생산이 이루어지는 공장의 입지와 공정을 선택하는 것, 다음 주에 생산할 제품을 결정하고 필요한 자재를 결정하는 것, 제품 생산 일정을 수립하는 것 등이 있을 수 있는데, 이러한 의사결정들을 해당 기업의 목표에 맞게 체계적으로 수행하는 것을 생산경영이라고 할 수 있습니다. 이러한 생산경영은 좁게는 제품이나 서비스 생산에 필요한 다양한 투입 자원의 효율을 높이고, 넓게는 생산하는 제품과 서비스의 경쟁력을 높여 기업의 생존에 직접적으로 영향을 미치는 중요한 의사결정을 수행합니다. 여러분도 일상생활에서 다양한 의사결정 문제들에 부딪히고, 이를 해결하며 살아가고 있지요? 여러분의 삶을 생산 또는 운영이라고 해석하면, 어떻게 하면 좀 더 나은 삶이 될 것인가를 고민하고 실천하는 과정이 필요하고, 이러한 의사결정 과정이 바로 여러분의 생산경영이 됩니다.

## 목표

산업공학 관점에서 생산경영을 이해했다면 이제 어떤 방향으로 생산경영의 사결정을 해야 하는지에 대한 생산경영의 목표를 살펴보겠습니다. 이미 앞에서 설명한 생산성의 개념은 투입과 산출의 비율만을 나타내는 단순한 목표에 불과하여 좀 더 다양한 목표들을 상세하게 소개하겠습니다.

한 기업에서 어떤 제품이나 서비스를 판매하려고 하는데 어떻게 하면 해당 제품이나 서비스를 잘 팔아서 기업이 생존할 수 있을까요? 그 답은 간단합니다. 바로 제품 또는 서비스를 구매하여 소비하는 고객이 만족하면 됩니다. 이에 따라 고객 만족(customer satisfaction)이 바로 생산경영의 목표가 되는데, 넓은 의미로는 기업 생존과도 밀접한 관련이 있습니다. 그러면 고객 만족에는 어떤 요소들이 있을까요? 이러한 요소들은 경제학적으로는 제품/서비스에 대한 고객 선호도로 정의되는 효용(utility)으로 통합할 수 있는데, 간단히 소비자가 원하는 제품/서비스를 저렴하고 우수한 품질로 제공하는 것으로 설명할 수 있습니다. 구체적으로 효용을 구성하는 요소로는 소비 효용(consumption utility), 가격(price), 불편성(inconvenience) 등이 있습니다. 여기서 소비 효용은 제품/서비스 기능의 우수성을 나타내는 성능(performance)과 고객이 원하는 제품/서비스의 제공 능력인 적합성(fit)으로 구성되며, 불편성에는 제품/서비스의 구매 장소인 입지(location), 소요 시간(timing) 등이 있습니다. 너무 어려운가요? 다시 말해 이는 품질(quality), 원가(cost), 납품(delivery)으로 간략히 요약할 수 있으며, 그림 8-3과 같이 QCD라고 합니다. 생산경영은 제품/서비스 생산에서 이 세 요소를 체계적이고 종합적으로 고려하여 고객 만족으로 기업 생존과 성장에 이바지하는 것을 목표로 합니다. 예를 들어 일본 자동차 제조업체인 토요타는 토요타 방식이라는 특유의 생산방식을 구현하고, 끊임없는 개선을 통하여 원가를 낮추고 동시에 품질도 높여 세계 최고의 시장 경쟁력을 확보하였습니다. 또한 국내의 현대자동차는 품질경영이라는 슬로건 아래에 품질향상에 매진하여 토요타 못지않은 시장 경쟁력을 갖추어 시장을 석권하고 있고, 국내 물류 서비스 업체인 쿠팡의 경우

그림 8-3. 생산경영의 목표: QCD

로켓배송이라는 방식으로 국내 최고의 납품 경쟁력을 갖추고 있습니다. 이는 모두 QCD라는 생산/운영 목표 중 일부를 기업의 상황에 맞게 적절하게 선택한 후 목표 달성을 위해 지속적으로 노력한 결과로 볼 수 있으며, 생산경영의 목표가 기업 경쟁력에 어떻게 이바지할 수 있는지 잘 알 수 있는 사례입니다.

이상 기본적인 QCD 이외에 다양한 제품/서비스를 제공하여 고객 만족을 추구하는 유연성(flexibility)이 추가 목표가 될 수 있으며, 최근에는 고객 만족을 넘어 환경, 경제, 사회의 지속가능성(sustainability)으로 목표가 확장되고 있습니다. 요즘 들어 산업계에서 ESG(Environmental, Social, Governance) 경영에 관심을 가지고 다양한 관련 활동들을 하고 있는데, 이는 궁극적으로 지구의 지속가능성 향상과 관련이 있습니다. 여러분들도 기회가 되면 현 인류의 궁극적인 목표로 지구를 미래 세대에 잘 물려줄 수 있도록 하는 지속가능성 개념과 실천 등에 관한 자료를 찾아보고 학습하시기를 권합니다.

## 세부 분야

앞에서 설명한 생산경영의 목표를 이해했다면 이제 이 목표를 달성하기 위한 다양한 의사결정과 관련이 있는 생산경영의 세부 분야들을 간략히 살펴보겠

그림 8-4. 생산경영의 세부 분야

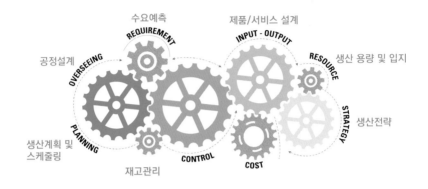

습니다. 생산경영 의사결정의 세부 분야는 그림 8-4와 같이 ① 생산 의사결정을 어떤 방향으로 할까에 대한 생산전략, ② 어떤 설비를 어느 정도의 규모로 언제 어디에 두어야 하나에 대한 생산 용량 및 입지, ③ 어떤 제품/서비스를 고객에게 제공할지에 대한 제품/서비스 설계, ④ 제품/서비스가 얼마나 팔릴까를 알아보는 수요예측, ⑤ 제품/서비스를 어떻게 만들까에 해당하는 공정설계, ⑥ 제품/서비스의 생산량과 작업 순서를 결정하는 생산계획 및 스케줄링, ⑦ 제품/서비스 수요의 불확실성에 대응하여 적절한 재고수준을 결정하는 재고관리 등이 있습니다. 생산경영 분야는 이러한 의사결정 문제들에 대해 다양한 산업공학 모형 및 최적화 기법을 활용하여 우수한 해를 찾고 현장에 적용하여 그 성과를 정량화한다는 점에서 산업공학의 종합 예술로 볼 수 있습니다. 이제 각 세부 분야에 대하여 간략하게 살펴보겠습니다.

**생산전략** 여러분은 일상생활에서 전략(strategy)이라는 용어를 많이 듣나요? 예를 들어 전략 시뮬레이션 게임의 경우 자원을 채취하여 무기를 만들고 이를 적시/적소에 배치하여 전쟁에서 상대방을 이기는 것을 목표로 하지요? 이러한 개념은 기업의 경영전략에서도 마찬가지입니다. 즉, 기업이 시장이라는 전쟁

터에서 승리를 쟁취하기 위해 가지고 있는 자원을 적시/적소에 배치하여 고객에게 원하는 제품/서비스를 제공하는 것을 경영전략이라고 하며, 이는 경영학의 주요 연구 분야입니다. 좀 더 유식하게는 기업의 경영전략은 희소한 경영자원을 배분하여 기업의 경쟁우위를 창출하고 유지하는 주요한 의사결정으로 설명할 수 있습니다. 경영전략은 구체적으로 그림 8-5와 같이 어떠한 사업에 진출하여 기업을 성장시킬 것인지를 다루는 최상위의 기업전략(corporate strategy), 개별 사업이 시장에서 어떻게 경쟁하여 살아남을까를 다루는 중간의 사업전략(business strategy), 각 사업에 필요한 생산, 마케팅, 재무 등 하위 기능 수준의 기능전략(functional strategy)과 같은 계층적인 구조를 가집니다.

생산전략은 이 그림에서와 같이 일종의 기능전략으로 사업전략에서 설정한 비용, 품질, 납품, 유연성 등과 같은 경쟁우위를 실현하기 위한 생산 의사결정의 방향을 설정하는 것으로 설명할 수 있습니다. 예를 들어 국내 현대자동차의 경우 창사 초기에는 기술 부족으로 가격 경쟁우위를 확보하기 위해 원가 중심의 생산 의사결정을 하였으나, 기술이 축적되면서 적절한 원가를 유지하며 품질과 납품에 중점을 두고 동시에 유연성을 고려하는 생산 의사결정으로 변화하게 됩니다. 비용, 품질, 납품, 유연성 등 상충관계에 있는 경쟁우위 요소 중 우선 고려할 요소에 집중한 과거와는 달리, 4차 산업혁명 시대를 맞고 있는 현재의 생산전

**그림 8-5. 경영전략의 계층적 구조**

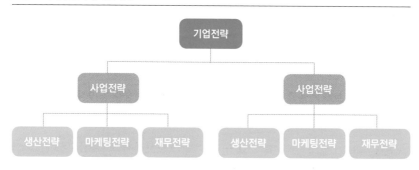

략은 경쟁우위 요소 간의 상충관계를 극복하고 이들을 동시에 달성할 수 있도록 발전해 가고 있습니다.

**생산 용량 및 입지**  생산전략에 따라 생산 의사결정의 방향을 정하면 바로 부딪히는 문제가 생산 용량 결정 및 입지 선정입니다. 먼저, 생산 용량(production capacity)은 제품/서비스 생산에 필요한 시설의 규모와 필요 시점을 결정하는 것을 말하고, 입지(location)는 해당 시설을 어디에 건설할지를 다룹니다. 예를 들어 최적화 양과 이산공 군이 견학한 스마트폰 회사의 경우 향후 2년간 수요가 늘어날 것으로 예측되어 내년에는 연산 10만 대 규모의 공장을 A 지역에 건설하고, 내후년에는 20만 대 규모의 공장을 B 지역에 건설하기로 하는 계획을 수립했다고 하면 이것이 생산 용량 및 입지 의사결정입니다. 이를 위해서는 제품/서비스가 얼마나 팔릴지에 대한 정보가 필요한데, 이를 수요예측이라고 합니다. 수요예측에 대해서는 이후에 설명하겠습니다.

생산 용량 및 입지 문제를 이해했으면 이제 이 문제들이 일종의 최적화 문제가 된다는 것을 설명하겠습니다. 예를 들어 생산 용량 문제는 미래의 예측 수요를 만족시킬 수 있는 여러 생산 용량 후보 중 가장 우수한 후보를 선택하는 문제가 되고, 예측 수요의 불확실성으로 불확실성하의 최적화 문제로도 볼 수 있습니다. 또한 입지 문제는 여러 입지 후보 중 고객 대응성이 높고 동시에 비용이 최소화되는 후보를 선정하는 문제입니다. 예를 들어 아마존이 초창기 시애틀에 대규모의 물류창고를 두고 운영하였으나, 수요가 증가함에 따라 다른 지역에도 창고를 건설하여 고객 대응성을 높인 것은 입지 최적화의 대표적인 사례입니다. 특히 입지 문제는 단순히 생산시설뿐만 아니라 원자재 공급업체, 생산, 유통에 이르는 공급망 구조와 밀접한 관련이 있어 기업의 중요한 의사결정 문제가 됩니다.

**제품/서비스 설계**  최적화 양과 이산공 군이 일상에서 사용하는 스마트폰의 경우 짧게는 몇 개월, 길게는 매년 꾸준히 신모델을 출시하여 여러분들의 구매

욕구를 자극하고 있지요? 또한 대표적 서비스업인 영화산업도 끊임없이 신작을 내놓으며 관객을 극장으로 유도하고 있지요? 이처럼 신제품/신서비스를 기획하고 설계하여 시장에 출시하는 것은 현대와 같은 무한 경쟁 시대에 급변하는 경영환경에서 기업이 살아남기 위한 필수적인 요소입니다. 일반적으로 신제품을 시장에 도입하는 전략으로는 크게 시장조사나 고객의 피드백을 통한 시장 지향 전략(market-pull strategy)과 설계 및 생산기술로부터 결정되는 기술 지향 전략(technology-push strategy)이 있습니다. 여기서 기술 지향 전략의 대표적인 사례가 바로 스마트폰으로, 이 혁신적인 제품이 출시되고 스마트폰은 모바일 시장을 석권하여 기존 휴대전화 제품들을 시장에서 사라지게 했습니다. 이 사례는 소위 파괴적 혁신(destructive innovation)이라고 명명되었고, 이를 통해 기술 중심의 신제품이 경제와 사회에 미치는 영향이 막대하다는 교훈을 얻게 되었습니다. 이 두 가지 전략 외에 시장과 기술뿐만이 아니라 마케팅, 생산, R&D, 재무 등 기업 내 여러 기능 간 조정에 의해 신제품을 도입하는 기능 간 협력 전략(inter-functional strategy)이 있는데, 이는 제품/서비스 설계 프로세스를 통합하여 신제품 개발 기간을 단축하는 동시공학(Concurrent Engineering)이라는 기술을 탄생시켰습니다.

제품/서비스의 설계는 기계, 전자, 신소재, 건설, 화공 등 전통적인 공학 관점으로 보면 기능과 품질이 우수한 제품/서비스를 개발하는 것을 의미하지만, 생산경영 관점에서는 개발한 제품/서비스의 생산과정에서 소요되는 자원을 효율적으로 활용하는 방법을 의미하며, 여러 생산 의사결정과 밀접한 관련이 있습니다. 다시 말해 제품/서비스의 설계는 기업의 생산이라는 기능에 큰 영향을 주기도 하고, 동시에 생산이라는 기능이 신제품/신서비스 설계에 영향을 받기도 합니다. 특히 앞에서 설명한 생산전략 측면에서 보면 신제품/신서비스의 신속한 시장 출시(time to market)를 통하여 경쟁력을 확보할 수 있어 제품/서비스의 설계는 기업의 비용, 품질, 납품, 유연성 등에 큰 영향을 미치는 주요한 생산 의사결정 문제입니다.

**수요예측** 제품/서비스 설계를 완료하면 이제 제품/서비스를 생산해야 고객에게 전달할 수 있겠지요? 이러한 생산에 앞서 가장 먼저 파악해야 할 것이 무엇일까요? 바로 제품/서비스가 얼마나 팔릴까에 대한 수요예측(demand forecasting)입니다. 일반적으로 예측은 미래에 일어날 일을 알아보는 것으로, 미래 경제 상황에 대한 경제예측, 미래 신기술에 대한 기술예측, 미래 수요에 대한 수요예측 등이 있습니다. 이 중 수요예측은 다양한 생산 의사결정에 필요한 기초자료로서 그 정확도에 따라 후속하는 생산 의사결정에 직접적인 영향을 미칩니다. 다만 미래의 수요에 대한 정확한 예측은 불가능하므로 정확하게 맞추겠다는 고집은 버리고 상황에 따라 수요 데이터를 지속해서 수정하며 활용해야 하겠지요?

일반적으로 수요예측 기법에는 크게 전문가, 담당자, 고객 등의 직관적 판단에 따른 정성적 기법(qualitative method)과 다양한 수학적 방법을 활용하는 정량적 기법(quantitative method)이 있습니다. 여기서 정량적 기법에는 수요와 수요에 영향을 미치는 요인 간의 함수관계를 도출하는 인과형 모형(causal method)과 과거 수요의 여러 패턴을 분석하여 미래 수요를 예측하는 시계열 분석법(time series method)이 있습니다. 최근 들어 기계학습 기술을 활용하는 다양한 인공지능 기법들이 수요예측 분야에 활용되는 추세라 인간의 직관과 수학적 방법을 융합하는 새로운 기법에 관한 연구가 활발히 진행되고 있습니다.

**공정설계** 수요예측에 따라 제품/서비스 물량이 정해지면 이를 어떤 방식으로 생산할지를 결정해야 하는데, 이를 공정설계(process design)라고 합니다. 여기서 공정이란 원자재가 제품으로 만들어지거나 고객에게 서비스가 제공되는 과정으로 이해하면 됩니다. 구체적인 공정설계 의사결정으로는 제품/서비스 생산에 사용할 공정의 형태를 결정하는 공정선택(process selection)과 공정에 필요한 다양한 설비들을 배치하는 설비배치(facility layout)가 있습니다. 여기서 공정의 형태로는 그림 8-6과 같이 크게 소품종/대량의 제품/서비스를 일렬의 흐름으로 생산하는 라인 공정 방식과 다품종/소량의 제품/서비스를 제품별 다른 흐름으

**그림 8-6. 공정 형태**

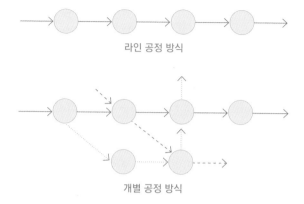

로 생산하는 개별 공정 방식이 있습니다. 예를 들어 학생 식당에서 식판을 들고 일렬로 줄을 서서 여러 반찬을 배식받는 경우가 라인 공정 방식이고, 병원에서 환자의 상태에 맞게 여러 진료과를 방문하는 경우가 개별 공정 방식이라고 볼 수 있습니다. 그 밖에 라인 공정 또는 개별 공정이 변형된 다양한 공정 형태가 있습니다. 예를 들어 조선소에서 배를 건조하는 공정은 제품이 고정되어 있고 인력/설비가 이동하는 형태로, 이는 프로젝트 공정이라고 합니다.

앞에서 설명한 바와 같이 공정 형태에 따라 필요한 설비들을 배치하는 설비 배치 관점에서 보면 라인 공정 방식의 배치를 제품별 배치(product layout)라고 하고, 개별 공정 방식의 배치를 공정별 배치(process layout)라고 합니다. 앞에서 설명한 생산전략 관점에서 생각해 보면 제품별 배치의 라인 공정 방식은 대량생산을 통한 원가절감을 강조한 방식이고, 공정별 배치의 개별 공정 방식은 다양한 제품/서비스를 제공하는 유연성 측면을 강조한 방식이 되겠지요? 이처럼 생산전략의 방향에 따라 적절한 공정을 선택하고, 선택한 공정에 따라 효과적이고 효율적인 설비를 배치하는 것은 매우 중요한 의사결정입니다.

**생산계획 및 스케줄링** 여러분은 일상생활에서 많은 계획을 세우고 이 계획을 실행하려고 노력하며 살아가고 있습니다. 계획을 세우는 이유는 무엇인가요? 바로 여러분이 앞으로 해야 할 일들을 파악하고, 이 일들을 일정에 맞게 잘 수행하기 위해서입니다. 기업의 생산 기능도 마찬가지입니다. 제품/서비스의 특성에 맞게 선택한 공정에 따라 제품/서비스를 생산하는 과정에서 미래 수요를 만족시키도록 원자재, 인력, 설비 등 생산 자원을 어떻게 활용할 것인가를 다루는 것이 생산경영에서의 계획에 해당합니다. 이에는 수요 만족을 위한 생산 물량에 중점을 두는 생산계획과 생산 순서/시점에 중점을 두는 스케줄링이 있습니다. 생산계획 및 스케줄링 의사결정은 생산 기능의 효율성을 극대화할 수 있는 대표적인 최적화 문제로 산업공학에서 다루는 생산경영의 꽃이며, 현재에는 다양한 인공지능 및 최신 정보통신 기술이 적용되고 있는 대표적인 산업공학의 대상입니다.

제조업에서의 생산계획은 그림 8-7에서 보듯이 크게 총괄계획(aggregate planning), 기준생산계획(master planning), 자재계획(material planning)으로 구성됩니다. 이 중 보통 연간으로 수립하는 총괄계획과 월 또는 주간으로 수립하는 기준생산계획은 수요를 만족시키고 비용 최소화와 같은 생산지표를 달성하기 위해 개별 제품을 언제 얼마나 만들지를 결정하는 의사결정 문제입니다. 단순히 필요할 때 필요한 만큼만 만들면 된다고 생각할 수 있으나, 생산에 시간이 소요되고 수요도 일정하지 않다면 이에 따른 적절한 생산량도 그때그때 변하겠지요? 이때 수요 대비 부족한 물량은 하도급으로 대응하거나 남는 물량은 보관 후 미래 수요에 대응할 수 있지만, 대

**그림 8-7. 생산계획 및 스케줄링 의사결정**

생산계획
- 총괄계획
- 기준생산계획
- 자재계획

스케줄링

안마다 비용이 다르다는 점이 최적화 문제가 되는 이유입니다. 그리고 자재계획이란 완제품의 생산에 필요한 원자재나 부품의 수급 계획으로, 주로 구매 부서가 담당하는 업무입니다.

마지막으로, 스케줄링(scheduling)이란 제품 생산에 필요한 세부 공정들의 실행 순서/시점을 결정하는 의사결정을 말합니다. 여러분들도 일상생활에서 계획한 다양한 일들을 어떤 순서 또는 시점에 실행할지 고민할 때가 있지요? 생산의 경우에도 마찬가지로 제품 생산에 필요한 세부 공정들의 순서 또는 시점이 달라지면 개별 제품의 완료시간(completion time)이 달라지고, 이에 따라 생산율, 납기 만족 등 다양한 생산지표가 달라집니다. 이에 이 문제 역시 최적화 문제가 되며, 이는 산업공학 분야의 많은 생산경영 전공자가 연구하는 주제입니다.

**재고관리**  최근 차량용 반도체 물량 부족으로 완성차 생산에 차질을 빚었다는 소식을 들은 적이 있지요? 이는 앞에서 설명한 자재계획 관점에서 보면 완성차 생산에 필요한 부품인 차량용 반도체가 부족하여 문제가 발생한 것으로 이해됩니다. 반면 최근 메모리 반도체의 경우 구매업체의 보유 물량이 너무 많아 가격이 하락했다는 신문 기사도 보았을 것입니다. 여기서 완성차 생산을 위해 미리 보유하고 있는 차량용 반도체나 과다한 메모리 반도체를 재고라고 합니다. 즉, 재고(inventory)란 미래의 수요에 대비해서 미리 확보하는 물건을 말합니다. 그러면 재고는 왜 필요할까요? 바로 수요의 불확실성에 대비할 수 있도록 일종의 완충 역할을 하기 위해서입니다. 앞에서 설명한 차량용 반도체의 부족을 미리 알았다면 적절한 물량을 미리 확보하거나, 메모리 반도체 보유 물량이 과다하다는 것을 알게 되면 생산량을 줄이겠지요? 여기서 재고 물량은 적어도 비용, 많아도 비용입니다.

그렇다면 재고관리는 무엇일까요? 바로 수요의 불확실성에 대비하며 물량 부족 또는 과다로 발생하는 비용을 최소화하도록 적절한 재고수준을 결정하는 것을 의미합니다. 구체적으로 재고수준은 주문 시점과 주문량에 따라 결정됩니다.

예를 들어 여러분들이 물건을 사러 가는 마트의 구매 담당자는 수많은 품목에 대해 품절이나 과다 보유가 발생하지 않도록 주문 시점과 주문량을 정하여 적절한 재고수준을 유지하는 업무를 담당하고 있습니다. 따라서 재고관리는 일종의 최적화 의사결정 문제로 볼 수 있습니다. 이에 많은 산업공학 전문가가 다양한 재고관리 모형과 기법을 개발하여 산업 현장에 적용하고 있습니다. 여러분들도 주위에 어떤 재고가 있고 그 역할이 무엇인지 생각해 보면, 재고와 재고관리에 대한 흥미가 생길 것입니다.

## 생산경영의 미래

이제 생산과 생산시스템, 생산경영이 무엇인지, 그리고 생산경영에서 산업 공학이 대상으로 하는 세부 의사결정 문제들에는 어떤 것이 있는지 이해되시나요? 앞에서 설명한 대로 경제활동의 두 축 중의 하나인 생산을 통하여 우리가 일 상생활에서 소비하는 제품/서비스가 만들어지고, 이 과정에는 시스템의 효율성을 추구하는 다양한 산업공학 모형과 방법론들이 적용되고 있어 생산경영을 산업공학의 종합 예술이라 부를 수 있습니다. 여러분들도 산업공학의 종합 예술인 생산경영의 전문가가 되고 싶지 않은가요? 사실상 생산경영은 산업공학 전공자들이 연구하고 산업에 적용하는 대표적인 분야입니다.

미래 사회는 초연결(hyper-connectivity), 초지능(hyper-intelligence), 초융합(hyper-convergence)의 특성을 가지는 다양한 인공지능 및 정보통신 기술을 기반으로 하는 스마트 시대가 될 것으로 예상됩니다. 또한 환경, 경제, 사회의 지속가능성에 대한 중요성이 더욱 두드러지고, 특히 제품/서비스의 친환경성이 필수 불가결한 요소가 될 것입니다. 이에 기업과 기업의 생산 기능 또한 지속가능성에 기반을 둔 스마트화가 진행되고 있으며, 이에 대한 총체로 전 세계적으로 스마트 팩토리에 관한 다양한 연구가 수행되고 있습니다. 따라서 본 장에서 설명한 생산경영의 다양한 의사결정 문제들에 대해서도 전통적인 최적화 기법의 한계를 극복하는 지능형 스마트 기법들이 개발되고 적용될 것입니다. 산업공학 분야의 종합 예술로서 생산경영의 스마트화에 여러분들도 기여해 보고 싶지 않으신가요? 우리나라 생산경영의 미래가 여러분들의 관심과 상상력에 달려 있습니다. 꼭 도전해 보시고 많은 보람을 느껴보시기를 희망합니다.

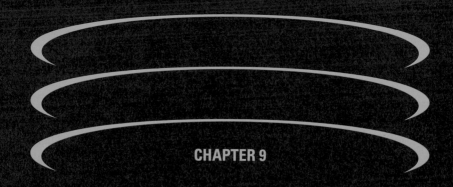

**CHAPTER 9**

# 서비스 사이언스
## 더 좋은 서비스를 위한 과학

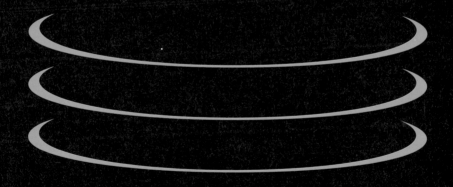

**임치현**
UNIST 산업공학과 교수

**김광재**
POSTECH 산업경영공학과 교수

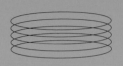

우리는 매일
수많은 서비스의 도움을 받습니다.
어떻게 하면 이들을
더 좋은 서비스로 만들 수 있을까요?

서비스 사이언스의 목적은 서비스의 본질적인 가치 창출 메커니즘을 이해하고, 그에 기반해 서비스를 지속적으로 혁신하는 것입니다.

'아침 7시, 알람 소리에 눈을 떴다. 간단히 아침을 먹으며, 휴대폰으로 날씨와 오늘의 할 일을 확인하였다. 샤워를 한 후, 좋아하는 노래를 들으며 버스를 타고 학교로 등교하였다. 산업공학개론 수업을 들은 후, 오전 공강 시간에 도서관으로 가 수업에서 이해되지 않았던 개념에 대해 공부했다. 강의자료에 대한 복습, 백과사전 인공지능에게 질의, 인터넷 추가 검색을 통해 이해되지 않았던 개념을 이해할 수 있었다. 배가 고파 점심 메뉴를 고르기 위해 메뉴 추천 앱을 실행하였고, 오늘 먹은 아침과 어제 먹은 음식들을 고려해 내 영양과 기호에 맞는 메뉴를 추천받아 학교 근처 식당에서 밥을 먹었다. 오후 수업들을 모두 들은 후에는 체육관에 가 운동을 했다. 운동 관리 앱을 통해 오늘의 운동 목표들을 모두 달성한 것을 확인한 후, 샤워를 하고, 집으로 돌아왔다. 저녁을 먹고, 오늘 해야 할 복습과 숙제를 마친 후, 가상현실 롤플레잉 게임을 하고, 11시경 잠에 들었다.'

김산공 군의 하루 일과 중 일부입니다. 특별할 것이 없는 평범한 일상이지만 몇 가지 상황을 다시 살펴볼까요? 날씨 정보를 제공하는 기상청과 모바일 앱, 샤워를 하기 위해 사용한 수돗물, 음악을 듣게 해주는 인터넷 통신과 음악 스트리밍 앱, 교통수단인 버스, 고등 교육을 제공하는 대학교, 인터넷 검색 사이트, 메뉴 추천 앱. 이들의 공통점은 무엇일까요? 그것은 누군가가 '서비스'를 제공하고 있다는 것입니다. 이는 과거와 비교해 볼 때 우리 생활에서 많이 변화한 점 중의 하나입니다. 먼 과거로 거슬러 올라가보면 개인은 자신에게 필요한 거의 모든 것을 스스로 해결해야 했지만, 지금은 김산공 군처럼 우리에게 필요한 것을 제공해 주는 서비스들이 우리의 일상생활을 받쳐주고 있습니다. 우리가 사용하는 서비스의 종류를 나열해 볼까요? 식당, 호텔, 유통, 전기, 수도, 미용 등의 의식주 관련 서비스 외에도 의료, 교육, 금융, 교통, 통신, 광고, 변호사, 회계사, 변리사, 신문, 방송, 잡지, 정부(주민센터, 경찰서, 군대, 소방서 등) 서비스 등 우리도 모르는 사이에 이미 많은 종류의 서비스를 제공받고 있습니다.

'서비스'는 이처럼 우리 생활에 폭넓게 그리고 깊숙이 들어와 있으며, 우리는 서비스가 없는 생활은 상상할 수 없는 시대에 살고 있습니다.

# 서비스란?

그렇다면 '서비스'란 무엇일까요? 이에 대해 조금 더 구체적으로 알아봅시다. 서비스란 '고객의 작업(task)을 도와주는 역량(capability)을 파는 것'을 말합니다.[1] 몸이 많이 아프면 병원에 가고, 우리는 의사의 역량을 사서 우리의 몸을 관리합니다. 자동차 수리와 같이 일반인이 스스로 할 수 없는 작업의 경우, 서비스를 제공하는 이가 아예 그 작업을 대신해 줍니다. 우리는 요리 유튜브 영상을 보고 레시피를 따라 해 스스로 음식을 만들기도 하며, 식당에 가서 요리가 완성된 음식을 사 먹기도 합니다. 우리가 교통, 인터넷, 교육, 금융 서비스를 이용하는 것은 우리가 물리적 이동, 인터넷 사용, 공부, 돈 관리를 스스로 할 수 없거나, 하기 힘들거나, 더 싸고 쉽게 하고 싶기 때문입니다. 우리의 삶은 매일, 매주, 매달, 매년 해야 하는 수많은 다양한 작업들로 이루어져 있습니다. 내가 모든 것을 스스로 다 할 수 있는 역량이 없기에, 우리는 이러한 역량을 판매하는 서비스들을 이용합니다.

피터 힐(Peter Hill)이라는 경제학자와 미국의 IT 서비스회사인 IBM은 서비스를 'A service is a change in the condition of a person, or a good belonging to some economic entity unit.'이라고 정의했습니다.[2] 서비스는 사람이나 사물의 상태를 변화시킨다는 뜻입니다. 의료 서비스는 사람의 몸 상태를 변화시키는 것이고, 자동차 수리 서비스는 자동차라는 사물의 상태를 변화시키는 것이지요. 이는 서

---

1 Maglio, P. P., Kwan, S. K., & Spohrer, J. (2015). Commentary—Toward a research agenda for human-centered service system innovation. Service Science, 7(1), 1-10.

2 Hill, T. P. (1977). On goods and services. Review of income and wealth, 23(4), 315-338. (재인용: Chesbrough, H., & Spohrer, J. (2006). A research manifesto for services science. Communications of the ACM, 49(7), 35-40.)

비스 역시 재료가 투입물(input)로 들어가 제품이 산출물(output)로 나오는 제조 프로세스와 같이 볼 수 있음을 시사합니다. 제조와 서비스의 차이는, 서비스는 고객의 특정 상태가 투입되어 변화한 상태가 산출된다는 것입니다. 또는 고객이 관심을 갖는 대상의 상태가 투입되어 변화한 상태가 산출되는 것입니다. 예를 들어 의료 서비스에서는 환자의 아픈 상태가 투입되어 치유된 상태가 산출되어야 합니다. 교육 서비스에서는 학생이 어떤 지식을 모르는 상태가 투입되어 그 지식을 잘 아는 상태가 산출되어야 합니다. 고객은 스스로 상태 변화를 할 수 없을 때, 관련 작업을 수행할 역량이 부족할 때, 이를 위한 역량을 제공하는 서비스를 구매합니다.

이때 흥미롭게도 많은 서비스는 서비스 제공자와 고객이 '함께 가치를 창출(value co-creation)한다'는 특징이 있습니다.[3] 앞의 김산공 군의 일과에서, 김산공 군이 다니는 대학교와 김산공 군은 고객(김산공 군)의 지적 성장과 성취를 위해

**그림 9-1. 서비스의 개념**

고객이 도움을 필요로 하는 작업          역량 제공 서비스

고객

서비스란?

고객의 작업을 도와주는 역량을 제공해, 고객과 함께 그 작업의 결과를 더 좋게 만드는 일련의 활동

---

3  Vargo, S. L., Maglio, P. P., & Akaka, M. A. (2008). On value and value co-creation: A service systems and service logic perspective. European Management Journal, 26(3), 145-152.

협력합니다. 이 때문에 서비스의 결과물, 즉 고객의 작업 결과물은 서비스 제공자의 역량과 노력뿐만 아니라 고객의 역량과 노력에도 영향을 받습니다. 헤어 서비스가 잘 제공되려면 손님은 자신이 원하는 헤어스타일을 제시하고, 헤어 디자이너의 작업에 협조해야 합니다. 의료 서비스의 결과가 좋으려면 환자 역시 의료진의 가이드에 맞추어 스스로 건강 관리를 잘해야 합니다. 성적이 좋으려면 학생이 스스로 공부를 열심히 해야 합니다. 즉, 많은 서비스에서 고객은 단순한 소비자라기보다는 공동 생산자(co-producer)의 역할을 합니다.

정리하면, 서비스란 '고객의 작업을 도와주는 역량을 제공해, 고객과 함께 그 작업의 결과를 더 좋게 만드는 일련의 활동'을 말합니다.

## 서비스 산업의 중요성

이제 우리나라 서비스 산업의 현황과 중요성에 대해 알아보겠습니다. 2022년 기준 국가 경제 전체 중 서비스 산업의 부가가치 비중은 63.5%이며, 이는 1990년 51.4%, 2000년 57.2%, 2010년 60.1%에 비해 지속적으로 늘어난 결과입니다. 또한 2022년 기준 국가 고용 중 서비스 산업의 직업이 차지하는 비중은 70.7%이며, 이 역시 1990년 46.7%, 2000년 61.1%, 2010년 68.7%로 지속적으로 늘어왔습니다. 이처럼 우리나라는 소득 수준 향상, 기술 발달, 인구 구조 변화 등으로 서비스 산업의 부가가치·고용 비중이 증가하는 '경제의 서비스화'가 진행 중입니다.[4] 김산공 군이 졸업 후 취직을 할 때, 아마도 서비스업에서 일하게 된다는 의

---

4  KDI 경제정보센터. (2023). 국민 일상 편의 및 산업 경쟁력 제고를 위한 서비스 산업의 디지털화 전략. 관계부처 합동.

미이지요. 현재 고등학생 3명 중 2명 이상이 서비스업에서 일하게 된다는 의미이기도 합니다. 이는 우리나라의 경우만 해당되는 것은 아니고 대부분의 선진국에서 공통적으로 보이는 현상입니다. 대부분의 OECD 국가들은 GDP 중 서비스업의 비중과 전체 고용 중 서비스업의 비중이 모두 70~80%가량을 차지하고 있습니다. 그리고 아직 선진국 대열에 합류하지 못한 나라들에서도 서비스 산업은 지속적으로 성장하는 추세를 보이고 있습니다.

전 세계적으로 많은 국가 경제의 중심축이 서비스 산업에 있는 것은, 앞서 소개한 서비스의 정의에 비추어 보았을 때 자연스럽습니다. 제조 산업으로부터의 제품들은 사람들의 다양한 작업에 도구로 활용됩니다. 칫솔, 자동차, 휴대폰 등이 좋은 예시겠지요. 하지만 이러한 제품의 활용만으로는 사람들의 작업을 잘 수행하기 어렵습니다. 치아 건강을 관리하기 위해서는 칫솔뿐 아니라 관련 전문 지식 및 기술이 필요하고, 자동차를 소유하고 관리하는 것은 비용이 많이 듭니다. 언제나 자가용을 가지고 다닐 수도 없고, 자동차로 이동하기 어려운 경우도 많습니다. 그리고 자동차를 수리하기 위해서는 관련 기술 및 장비가 필요합니다. 또한 휴대폰 자체만으로는 사진 찍기 외에는 아무것도 할 수 없습니다. 통신 서비스가 함께 쓰여야 전화와 인터넷을 할 수 있고, 우리가 사용하는 모바일 앱들은 휴대폰 제조 기업이 아닌 별도의 서비스 기업들이 제공하는 것입니다. 사회가 발전하고 소득 수준이 높아진다는 것은 사람들의 작업 수준과 기대가 높아지는 것과 관련이 깊습니다. 이러한 변화에 발맞추어 서비스에 대한 수요가 다양화, 고도화되기 마련이지요. 서비스의 본질이 사람들의 작업을 도와주는 역량을 제공하는 것임을 생각하면, 서비스가 발달한 사회는 사회 전반적인 역량이 높기 마련이라는 점을 이해할 수 있습니다. 이러한 본질적인 측면에서, 서비스 산업의 선진화는 서비스 산업 자체뿐 아니라 관련 제품들의 제조 산업 경쟁력 강화에도 기여합니다.

여기서 '더 좋은 서비스를 위한 과학'의 필요성이 대두됩니다.

# 서비스 사이언스

지금까지 서비스란 무엇인지, 서비스 산업이 국가 경제 및 사회 발전과 얼마나 밀접한 관계를 갖는지 알아보았습니다. 우리는 매일 다양한 서비스들의 도움을 받고, 서비스 산업의 발전은 국가 전반의 성장을 유도합니다. 어떻게 하면 우리 주변의 서비스들을 더 좋은 서비스로 만들 수 있을까요?

'더 좋은 서비스를 위한 과학'의 필요성에 따라 2000년대에 '서비스 사이언스'라는 새로운 학문 분야가 태동하게 되었습니다.[5] 서비스 사이언스의 목적은 서비스의 본질적인 가치 창출 메커니즘을 이해하고, 그에 기반해 서비스를 지속적으로 혁신하는 것입니다. 미국, 독일과 같이 먼저 선진국이 된 국가들을 시작으로 많은 나라들이 국가 경제 및 사회의 발전을 위해 서비스 산업의 혁신에 많은 관심을 기울여왔고, 많은 회사와 연구자들이 서비스에 대한 이해와 개선을 고민하고 있습니다. 2000년대 서비스 사이언스의 태동을 주도한 IBM은, IBM이 컴퓨터 제조회사에서 IT 서비스회사로 변모한 과정에 대한 다양한 연구 자료를 제공하면서, 서비스 사이언스의 개념 및 필요성 전파와 논의 기반을 마련하는 데 크게 기여했습니다. 그 후 2010년대에는 미국, 유럽, 아시아의 다양한 기업과 연구자들이 서비스를 '시스템' 관점에서 분석하고 개선하려는 노력, 고객이 '제품과 서비스를 활용해 가치를 창출'하는 메커니즘을 이해해 새로운 서비스를 개발하려는 노력, 센서 및 정보시스템 기술의 발달로 고객과 서비스로부터 수집할 수 있는 '데이터를 활용'하려는 노력 등이 활발히 이루어졌습니다. 지금 2020년대에는 인공지능, 블록체인, 가상현실과 같은 기술에 기반한 '서비스의 디지

---

5  Spohrer, J., Maglio, P. P., Bailey, J., & Gruhl, D. (2007). Steps toward a science of service systems. Computer, 40(1), 71-77.

털화'에 대한 이해와 이에 기반한 서비스 혁신의 노력이 활발히 이루어지고 있습니다.

'서비스는 역량을 파는 것이다', '서비스를 연구한다'와 같은 개념들이 신선하고 재미있지 않나요? 다음에서는 서비스 사이언스가 다뤄온 몇 가지 흥미로운 주제들을 살펴보겠습니다.

## 지식 서비스

앞서 서비스란 역량을 판매하는 것이고, 서비스 산업의 선진화는 국가 전체적인 역량 강화와 관련이 깊다고 이야기하였습니다. 이때 우리가 어떤 작업을 수행하는 데에 필요한 '역량' 중 가장 중요한 것은 '지식'일 것입니다. 어떤 물리적 작업을 대신해 주는 힘이 중요한 서비스도 있고, 고민을 상담해 주는 공감 능력이 중요한 서비스도 있습니다. 이처럼 어떤 서비스가 고객의 작업을 대신해 주기 위해서는 '전문 지식', '물리적 힘', '감정 공감 능력' 등의 역량이 필요합니다.[6] 한편 우리 주변의 수많은 서비스를 하나하나 생각해 보면, 공통적으로 '지식' 역량이 필요한 것을 알 수 있습니다. 의료 서비스는 의료 지식이, 대학 고등교육 서비스는 전공 지식이, 법률 자문 서비스는 법률 지식이 필요합니다. 기계수리 서비스도 기계에 대한 지식이 필요하고, 상담 서비스도 정신건강 관련 지식이 필요합니다. 이처럼 어떤 작업에 대한 지식이 특히 중요한 서비스를 '지식 서비스'라고 합니다.[7] '지식'은 어느 서비스에나 중요한 역량이고, 국가 전체적인 지식 수준이 높은 선진국에서는 다양한 지식 서비스가 발달해 있는 것을 알 수 있습니다. 특정 분야에서 앞서 나가는 기업들 역시 해당 분야에 대한 높은 수

---

6  Apte, U. M., & Mason, R. O. (1995). Global disaggregation of information-intensive services. Management Science, 41(7), 1250-1262.

7  박성욱. (2010). 지식서비스산업의 경제적 파급효과 분석. 산업혁신연구, 26(3), 65-87.

준의 지식 서비스를 제공하고 있습니다.

'지식'은 쉽게 습득하고 따라 하기가 어렵습니다. 일반 의사가 명의의 의료 지식을 단기간에 따라잡기는 매우 어려우며, 환자는 당연히 명의를 찾아 헤맬 것입니다. 개인 변호사의 지식과 경험만으로는 다수의 변호사로 이루어진 법률회사의 지식과 승소 노하우를 뛰어넘기가 매우 어려우며, 법리 싸움을 해야 할 고객은 당연히 높은 지식과 노하우를 가진 변호사 또는 법률회사를 원할 것입니다. 자동차 수리만 수십 년을 한 명인의 기계 지식을 일반 수리공이 따라 잡기는 매우 어려울 것이며, 수리를 원하는 고객은 당연히 명인에게 수리를 받고 싶어 할 것입니다. 이처럼 지식 서비스의 고도화, 어떤 서비스에 필요한 지식에 대한 고도화는 경쟁자 대비 차별성과 격차를 만들어내고, 부가가치를 창출합니다.

'어떤 서비스가 제공하는 지식 역량과 그 제공 방식'을 연구의 대상으로 봄으로써, 그 서비스의 혁신 방향을 도출할 수 있을 것입니다.

## 지식 서비스의 디지털화

한편 '지식'은 음성, 글, 이미지 등으로 기록될 수 있습니다. 이 기록은 '디지털 데이터'로 만들어질 수 있습니다. 다시 말해 지식 서비스, 어떤 서비스의 지식은 인공지능에게 학습될 수 있고, 블록체인에 담겨 안전하게 관리되고 자동으로 쓰일 수 있으며, 가상현실에서 고객에게 전달될 수 있습니다. 이처럼 지식 서비스는 '디지털화'가 가능하며, 디지털 기술을 통해 발전할 수 있습니다.[8]

앞서 김산공 군의 하루 일과에서 메뉴 추천 서비스와 운동 관리 서비스에

---

8  Lim, C., & Maglio, P. P. (2019). Clarifying the concept of smart service system. Handbook of Service Science, Volume II, 349-376.

는 분명 전문 영양사와 트레이너의 지식에 대한 데이터, 김산공 군을 비롯한 수많은 사람들의 식이, 운동 데이터를 학습한 인공지능이 탑재되어 있을 것입니다. 이러한 인공지능이 없는 단순한 메뉴 제안 서비스, 운동 가이드 서비스도 김산공 군의 식이와 운동 작업을 도와줄 수 있겠지만, 이것은 김산공 군이 인터넷에 검색하는 것 대비 '지식의 격차'가 적을 것이고, 이 정도 지식 수준의 서비스는 매력적이지 않을 것입니다. 우리가 유튜브가 추천한 영상을 보고 좋아하고, 유튜브의 추천을 기대하는 것은 왜일까요? 유튜브 서비스를 제공하는 알파벳(Alphabet)이라는 기업이 수많은 영상 및 이들에 대한 시청 기록 데이터를 우리보다 훨씬 더 잘 알고 있기 때문입니다.[9] 개인 고객이 다 알기에는 어려운 지식을 디지털 데이터화할수록, 이를 인공지능이 학습하게 할수록, 서비스 제공자는 고객과의 지식 역량 격차를, 고객이 꼭 이 서비스의 도움을 받아야만 하는 이유를 강화할 수 있습니다. 한편 한 연구에 따르면 더 뛰어난 역량을 갖춘 사람일수록 인공지능 기반 서비스를 능수능란하게 활용하고, 인공지능의 도움을 더 잘 받았다고 합니다.[10] 이는 본질적으로 작업 자체에 대한 이해가 높을수록 작업을 도와주는 인공지능의 역량을 적절히 활용해, 인공지능이 잘하는 부분은 인공지능에게 맡기고, 잘 못하는 부분은 스스로 처리하기 때문입니다. 즉, 인공지능 기반의 서비스에서도 역시 고객과 인공지능이 긴밀히 협력해 최적의 작업 결과를 내도록 하는 것이 중요함을 알 수 있습니다.

인공지능 기술뿐 아니라 블록체인, 가상현실 기술도 디지털화를 통한 지식 서비스의 혁신과 관련이 깊습니다. 블록체인 기술을 활용하는 서비스의 경우, 고객의 중요한 데이터를 안전하게 관리할 수 있다는 장점도 있지만, 디지털화된

9  Gomez-Uribe, C. A., & Hunt, N. (2015). The netflix recommender system: Algorithms, business value, and innovation. ACM Transactions on Management Information Systems (TMIS), 6(4), 1-19.

10  Jia, N., Luo, X., Fang, Z., & Liao, C. (2024). When and how artificial intelligence augments employee creativity. Academy of Management Journal, 67(1), 5-32.

지식 활동들을 자동으로, 안전하게 이행할 수 있다는 장점도 있습니다. 그리고 이를 통해 대부분의 서비스에 수반되는 고객과 서비스 제공자 간의 계약, 거래 활동들의 효율성을 높여줄 수 있다는 장점이 있습니다. 가상현실 기술을 활용하는 서비스의 경우, 고객에게 많은 정보를 실제 환경과 인간 직원 없이 효율적으로 제공할 수 있다는 장점이 있습니다. 그리고 이를 통해 고객이 언제 어디서나 서비스를 경험할 수 있게 한다는 장점이 있습니다. 이처럼 블록체인 기술과 가상환경 기술은 서비스 제공자와 고객 간 디지털화된 지식의 효율적인 교환을 도와 고객이 이 서비스의 도움을 받아야만 하는 이유를 강화합니다.

'어떤 기술이 고객의 작업을 어떻게 도와주는지'를 연구의 대상으로 봄으로써, 그 서비스의 혁신 방향을 도출할 수 있을 것입니다.


## 제품과 서비스의 통합화, 제조 기업의 서비스 기업화

앞서 잠시, 제조 산업으로부터의 제품은 사람들의 수많은 작업에 도구로 활용된다고 이야기했습니다. 한편 이때 우리들의 '작업'은 여러 활동으로 이루어진 프로세스이며, 어떤 제품의 사용은 특정 활동에 도움을 주긴 하나, 그 활동에 대한 이행 및 다른 활동들은 사용자가 스스로 해야 합니다.[11] 하지만 이를 위한 역량이 부족하거나 없을 경우, 우리는 서비스의 도움을 받습니다. 예를 들어 아플 때 약을 먹을 수는 있지만, 어떤 약을 어떻게 먹어야 하는지는 의료 서비스의 도움을 받아야 합니다. 자가용으로 출퇴근할 역량이 없거나 비용이 부담될 경우, 우리는 교통 서비스를 구매합니다. 자가용을 사용할 경우 필수적으로 수반되는 작업은 자동차 수리와 관리이며, 우리는 그를 위한 서비스도 구매합니다.

---

11  Bettencourt, L. A., & Ulwick, A. W. (2008). The customer-centered innovation map. Harvard Business Review, 86(5), 109.

이처럼 우리의 작업이 수반하는 다양한 활동들을 생각하면, 제품만을 구매해 사용하는 것은 작업의 수행에 어려움이 있을 때가 많습니다. '제품과 서비스의 본질'은 사람들의 작업을 도와주는 '도구와 역량 제공'이라는 것을 생각했을 때, 작업의 수월성 관점에서 우리가 제품과 서비스를 혼용해서 활용하는 것은 자연스럽습니다. 스마트폰 제품은 다양한 앱 서비스들과 함께 활용되며, 자동차 제조회사는 자동차만 판매하지 않고 수리 서비스, 할부 금융 지원 서비스, 보험 서비스 등도 함께 제공합니다. 또한 자동차 제조회사는 운전자의 운행 데이터와 자동차 상태 데이터를 활용해 인공지능이 운전자의 경제 운행 및 안전 운행을 도와줄 수 있는 서비스를 제공합니다. 나아가, 거대한 비행기 엔진을 제조하는 기업은 엔진을 판매하지 않고, 엔진의 상태를 모니터링하고 관리를 보장해 주는 서비스와 함께 대여해 줍니다. 즉, 비행기 회사(고객)에게 고객이 갖지 못한 엔진 관련 역량들의 총체를 한 번에 서비스로 판매합니다. 이들 예시와 같이 제품과 서비스가 통합된 형태의 모델을 '제품-서비스 통합시스템(PSS, Product-Service System)'이라고 합니다.[12] PSS의 본질적인 목적 역시 고객의 작업이 잘 수행될 수 있도록 지원하는 것이며, 이에 필요한 유형적 제품과 무형적 서비스 지식 역량을 하나의 시스템으로 통합하는 것입니다.

PSS의 등장 및 성공에 기반하여 많은 제조 기업이 서비스 기업으로 확장, 변화해 왔습니다. 엔비디아(NVIDIA)는 GPU만 제조해 팔지 않고 인공지능 훈련용 서버 자원 대여 서비스, 자원의 사용을 최적화하는 서비스 등을 통합한 'GPU as a Service'를 제공하며, 테슬라(Tesla)는 자율주행차만 제조해 팔지 않고 운전 지원 서비스, 배터리 관리 지원 서비스 등을 추가로 제공합니다. 애플(Apple)은 스마트폰 제조사이지만, 사용자의 건강 관리 및 생활 관리를 지원하는 다양한

12  Lim, C. H., Kim, K. J., Hong, Y. S., & Park, K. (2012). PSS Board: a structured tool for product-service system process visualization. Journal of Cleaner Production, 37, 42-53.

앱 서비스를 추가로 제공합니다. 앞서 우리는 '지식 서비스'에 대해 이야기했는데요. 훌륭한 제조 기업은 자사가 제조하는 고도화된 제품을 누구보다 잘 알고 있기 마련입니다. 이러한 전문 지식은 쉽게 따라 할 수 없으며, 기업에게 차별성과 격차를 만들어내는 좋은 수단이 되고, 이는 제품에 연계된 지식 서비스들을 통해 구현됩니다. 이처럼 제조 기업이 서비스 기능을 도입하고 강화하는 현상을 '제조의 서비스화(servitization)'라고 합니다.[13]

'고객이 사용하는 제품이 쓰이는 작업과 이를 지원하는 서비스'를 연구의 대상으로 봄으로써, 제품과 연계된 서비스의 개발 방향 및 개선 방향을 잘 도출할 수 있을 것입니다.

## 서비스 시스템의 운영 관리

여러 부품으로 이루어진 제품과 마찬가지로 서비스 역시 유형적인 요소들의 집합, 즉 '시스템'의 관점에서 조명해 볼 수 있습니다. 전자 제품 시스템 안의 전기 신호의 흐름과 정보의 저장을 효율화해야 하듯이, 병원 시스템 안의 환자 이동, 의료장비의 활용을 효율화해야 합니다. 이러한 효율화 활동을 '운영 관리 (operations management)'라고 합니다.[14] 때로는 환자의 만족이, 때로는 병원의 수익이 이러한 운영 관리의 목적이 될 것이며, 두 목적 모두를 달성하는 것이 대부분 병원의 관심사일 것입니다. 이러한 목적 달성을 위해서는 의사, 간호사, 의료장비의 배치 및 작업 스케줄링을 최적화해야 합니다. 대형 종합병원에 오는 외래 환자의 대기 시간 감소를 위해 대기 시간 증가에 어떠한 요인들이 있는지를

---

13  Reinartz, W., & Ulaga, W. (2008). How to sell services more profitably. Harvard Business Review, 86(5), 90-6.

14  Stevenson, W. (2021). Operations Management 14th Edition, McGraw Hill.

파악해야 할 것입니다.[15] 백화점, 대형 마트와 같은 오프라인 유통 매장에서 역시 고객들의 동선을 효율화해 혼잡도를 줄이고, 동시에 고객들이 매장에 오래 머물며 많은 소비를 하도록 유도해야 합니다.[16] 렌터카 서비스는 보유한 자동차들의 사용률이 최대화되도록 하는 동시에, 자동차를 빌리는 고객들의 편의성을 증대해야 합니다. 여기서 흥미로운 점은 서비스 직원과 환경의 효율성을 개선하는 것만으로는 부족하고, 서비스의 가치를 동시에 창출하는 공동 생산자인 고객의 행동과 작업 효율성도 함께 개선해야 한다는 점입니다. 앞서 이야기한 바와 같이, 서비스 시스템도 제조 시스템처럼 투입물과 산출물이 분명한 시스템입니다. 하지만 제조 시스템의 운영 관리와는 달리, 서비스 시스템의 운영 관리는 서비스 제공자와 고객의 프로세스를 동시에 통합적으로 개선해야 합니다.

한편 서비스 시스템은 사람, 물리적 환경, 정보, 기술 등의 공통적인 요인들로 이루어져 있기도 합니다. 서비스 사이언스는 여러 서비스 시스템의 공통적인 운영 관리를 위한 수리적 모형, 알고리즘, 데이터 분석 방법론 등을 다뤄왔습니다. 센서 및 정보시스템이 발달하기 전에는 서비스 시스템의 운영 데이터를 확보하기가 어려웠습니다. 이 때문에 과거에는 디지털화된 데이터가 존재하는 일부 서비스들에 대한 연구와, 실제 데이터는 없지만 어떤 가정들에 근거한 수리적 모형을 활용한 연구만이 이루어질 수 있었습니다. 하지만 다양한 서비스 시스템으로부터의 실제 운영 데이터를 확보할 수 있는 현대에는, 실제 데이터에 근거한 운영 관리 방법론 연구, 운영 데이터를 인공지능에게 학습시켜 예측과 의사결정

15  Shin, J., Lee, D. A., Kim, J., Lim, C., & Choi, B. K. (2024). Dissatisfaction-considered waiting time prediction for outpatients with interpretable machine learning. Health Care Management Science, Online First, 1-21.

16  Shin, J., Lee, C., Lim, C., Shin, Y., & Lim, J. (2022, August). Recommendation in offline stores: A gamification approach for learning the spatiotemporal representation of indoor shopping. In Proceedings of the 28th ACM SIGKDD Conference on Knowledge Discovery and Data Mining (pp. 3878-3888).

그림 9-2. 서비스 사이언스의 연구 주제 예시

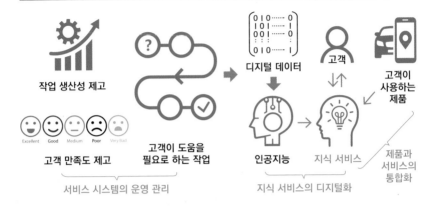

최적화를 맡기는 연구가 활발하게 이루어지고 있습니다.

'고객의 작업을 지원하는 서비스 시스템의 효율화'를 연구의 대상으로 봄으로써, 고객의 만족도를 높이는 동시에 비용을 감소시키고 매출을 최대화하는, 나아가 직원의 만족도까지 높이는 방향을 잘 도출할 수 있을 것입니다.

## 고객의 작업 수준과 생산성, 서비스 시스템 전체를 보는 관점이 핵심

지금까지 지식 서비스와 이의 디지털화, 제조의 서비스화, 서비스 시스템의 운영 관리 등 서비스 사이언스가 다뤄온 몇 가지 흥미로운 주제들을 살펴보았습니다. 이들 외에도 서비스 사이언스는 서비스 설계, 서비스 품질 평가, 고객 분류, 고객의 피드백 데이터 분석, 고객 경험의 제고, 서비스 실패 후 회복, 서비스 환경 분석 등의 서비스 개발 - 운영 - 개선의 스펙트럼을 다뤄왔습니다.[17] 최근에는 인공지능 SW와 물리적 HW가 결합된 '서비스 로봇'이 인간 직원처럼 어

---

17  김광재, 홍유석, 신동민, 조남욱, 정재윤, 이연희, 박하영, 홍정완, 강완모, & 신하용. (2009). 서비스 혁신 연구: 프레임워크와 연구이슈. 대한산업공학회지, 35(4), 226-247.

떻게 고객의 작업을 잘 도와줄 수 있을지도 연구되고 있습니다.[18] 산업공학 관점에서 이러한 서비스 사이언스 주제들의 핵심은 무엇일까요?

아마도 고객의 작업 수준과 생산성, 서비스 시스템 전체를 보는 관점이 핵심일 것입니다. 서비스 산업의 경쟁력은 서비스가 도와주는 작업의 수준과 생산성을 높이는 데에 있습니다. 인간 직원이 도와주든, 인공지능이 도와주든, 고객이 스스로 더 잘하게 유도하든, 작업의 결과를 좋게 만드는 것이 서비스의 성공 이유일 것입니다. 어떤 서비스의 품질을 평가할 때 중요한 요소가 무엇인지에 대한 연구가 서비스 유형별로 다양하게 있지만, 이 연구들은 공통적으로 '서비스가 도와주기로 한 작업을 정말 잘 도와주었는지'가 고객에게 가장 중요한 것임을 밝혀왔습니다.[19] 나아가 서비스 산업의 또 다른 경쟁력은 서비스 시스템의 전체적인 수준과 효율성을 높이는 데에 있습니다. 고객의 만족도만 높이려고 하면 너무 많은 비용이 들 수 있고, 비용만 줄이려고 하면 고객의 만족도가 떨어질 수 있을 것입니다. 이것이 서비스의 시스템 전체를 봐야 하는 이유입니다.

이처럼 고객의 작업 수준과 생산성, 서비스 시스템 전체를 보는 관점에 기반한 서비스 혁신 사례들 중 대표적 사례인 인천국제공항의 서비스를 살펴봅시다.[20] 인천국제공항을 이용하는 고객들의 주 작업은 출국과 입국입니다. 공항의 서비스에 있어 가장 중요한 점은 '출입국이 빠르게 성공할 수 있는가'일 것입니다. 이에 인천국제공항은 이용자들의 출입국 시간 단축을 위해 자동 출입국 심사 서비스, 셀프 체크인 서비스, 사이버 터미널 서비스, 출입국 승객예고제 서비

**18** Lu, V. N., Wirtz, J., Kunz, W. H., Paluch, S., Gruber, T., Martins, A., & Patterson, P. G. (2020). Service robots, customers and service employees: what can we learn from the academic literature and where are the gaps?. Journal of Service Theory and Practice, 30(3), 361-391.

**19** Ladhari, R. (2009). A review of twenty years of SERVQUAL research. International Journal of Quality and Service Sciences, 1(2), 172-198.

**20** 강민수, 백승익, 최형규, 송윤영, & 최윤정. (2008). 서비스 청사진을 이용한 서비스 혁신: 인천공항 사례를 중심으로. 한국 IT 서비스학회지, 7(3), 199-214.

스 등 다양한 서비스를 도입하였습니다. 또한 공항의 서비스 시스템 전체를 보고, 출입국 고객들의 공항 도착부터 출국과 입국의 전체 동선을 세밀히 분석하고 최적화하여 효율성을 높였습니다. 국제민간항공기구의 출국과 입국 기준 시간이 60분과 45분인데, 인천국제공항은 출입국 프로세스 개선 결과 이들을 16분과 12분으로 단축해서 세계에서 가장 빠른 출입국 서비스를 제공하게 되었습니다. 나아가 인천국제공항은 공항 서비스 시스템의 운영 과정에서 축적한 지식역량을 해외 공항에 수출해왔습니다. 이 사례로 보아 결국 '더 좋은 서비스'란 고객의 작업을 더 잘 도와주는 동시에 효율적인 서비스임을 알 수 있습니다.

## 서비스 사이언스의 기회와 산업공학의 도전

앞서 우리는, 서비스의 본질은 사람들의 작업을 도와주는 역량을 제공하는 것이고, 이에 서비스가 발달한 사회는 사회 전반적인 역량이 높기 마련이라는 점을 이야기하였습니다. 이처럼 서비스 산업의 혁신이 사회 발전에 기여하고 다양한 기회와 가치를 창출할 것으로 기대됨에 따라, 여러 선진국에서는 전문연구기관을 설립하고 서비스 인재 육성을 추진하는 등 서비스 산업의 혁신 정책을 강화해왔습니다. 예를 들어 미국, 핀란드, 독일 등은 혁신적인 서비스 개발을 위한 서비스 R&D 사업, 즉 서비스 사이언스의 연구를 적극적으로 지원하고 있습니다. 우리나라도 서비스 산업의 경쟁력 제고와 미래 성장동력 확보를 위해 서비스 R&D 지원을 해왔습니다.

우리는 지금 서비스가 가치 창출을 주도하는 시대에 살고 있습니다. 기업, 더나아가 국가의 경쟁력 향상을 위해 서비스의 혁신이 요구됩니다. 우리는 오랫동안 친절한 서비스가 좋은 서비스라고 생각해 왔습니다. 친절함은 물론 필요하니 다만 서비스에서 친절함이 전부는 아닙니다. 은행원의 친절한 미소가 지식 역량이 높은 금융 서비스를 대신할 수는 없습니다. 친절이란 서비스 품질의 일부분에 해당하는 속성입니다. 서비스의 혁신을 위해서는 서비스의 본질을 과학적으로 이해하고, 서비스 시스템 전체를 공학적으로 개선하고 개발해야 합니다. 이것이 서비스와 과학의 만남, 즉 서비스 사이언스입니다.

서비스의 혁신을 주도하는 서비스 사이언티스트가 되려면 자신의 전문 분야에 대한 깊은 지식과 함께 서비스 시스템 전체를 분석할 수 있는 폭넓은 소양을 갖춘 T자형 인재가 되어야 할 것입니다. 앞으로 서비스 사이언스 분야의 전문성을 갖춘 졸업생들은 산업 각계에서 여러 전문 분야를 결집하여, 종합적이고 과학적으로 서비스 혁신을 선도하는 서비스 사이언티스트의 역할을 담당할 것입니다. 서비스 사이언스는 생산성의 제고와 시스템 관점을 중시하는 우리 산업공학자들에게 새로운 도전과 함께 기회를 제공합니다. 새로운 지평을 열고, 우리가 인접 분야들을 규합하여 선도해 갈 수 있다는 점에서 큰 기회이기도 합니다. 여타 공학 분야와는 달리 산업공학은 특정 산업을 목표 영역으로 하지 않고, 그 시대에 제기되는 산업과 사회의 문제를 해결해 가치를 창출하는 학문입니다. 이런 관점에서 서비스 사이언스는 현시대에 산업공학이 도전하고 추구해야 하는 하나의 의미 있는 방향이라 하겠습니다.

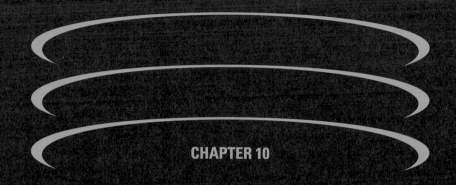

CHAPTER 10

# 스마트 제조
## 누구든지 원하는 대로 만든다

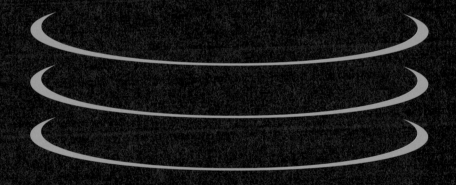

**정봉주**
연세대학교 산업공학과 교수

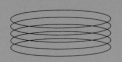

## 스마트 제조로 만든 제품은
## 어떤 모습일까요?

최적화 양은 우연히 엄마의 옛날 사진에서 유행했던 원피스를 보고, 현재 내 몸에 꼭 맞는 비슷한 스타일의 맞춤형 원피스를 입고 싶습니다. 뿐만 아니라 서랍장과 신발장에 있는 많은 액세서리와 신발들 중에 원피스에 어울리는 아이템들을 지금 당장 추천받고 싶습니다. 최적화 양의 연인 이산공군은 미래의 보금자리를 꾸미기 위한 가구들을 원하는 대로 마음껏 쉽게 설계하고 이를 만들어 주는 시스템을 원합니다. 한편 졸업을 앞둔 신세계 양은 개인별 유일한 휴대폰을 직접 설계하고 제작할 수 있는 맞춤형 제조 사업을 창업하고자 합니다. 과연 이 세 사람이 원하는 바가 모두 이루어질 수 있는 기술이 있을까요?

# 스마트 제조로 만든 제품은 어떤 모습일까?

자기 자신을 가장 잘 나타낼 수 있는 제품이 무엇일까요? 그중 하나는 옷 또는 패션입니다. 즉, 사람들의 일상 속 패션은 자기표현입니다. 우리가 패션산업을 주목하고 있는 이유는 미래 시장을 예측할 수 있는 단서가 있는 가장 역동적인 변화의 현장이기 때문입니다. 따라서 우리의 관심사인 스마트 제조 기술이 어떻게 사용되는지, 어떠한 관련 기술이 필요할지, 이러한 기술들이 어떻게 그리고 얼마만큼의 수준으로 우리 사회에 영향을 끼칠지를 패션산업을 통해 짐작할 수 있을 것도 같습니다.

최적화 양은 학교에서 돌아와 책상 위의 책들을 정리하다 우연히 옛날 부모님의 젊었을 때 사진을 발견했습니다. 인화된 사진을 만져보는 게 얼마 만인지 모른다는 생각으로 최적화 양은 사진을 데이터로 저장하기로 합니다. 거실 소파에 앉아 '대시보드'를 향해

"인식"

이라고 말하자 대시보드는 사진을 인식하기 시작합니다. 사진 속에는 노란 은행잎이 쌓인 길 위의 벤치에 나란히 앉은 엄마 아빠의 젊은 시절 모습이 담겨 있네요. 사진을 한참 들여다보다 엄마가 입은 원피스에 눈길이 갑니다. '그래. 옛날엔 만들어진 옷을 입어보고 사던 때가 있었지. 내 체형에 맞지도 않는 옷을 불편해서 어떻게 입었나 싶다. 그땐 당연했던 것이라 그냥 입고 다녔겠지…. 오랜만에 요즈음 계절에 맞는 옷을 한 벌 만들까?' 사진 속 엄마가 입고 있는 건 마침 최적화 양이 좋아하는 2010년쯤의 옷이네요. 게다가 요즘 옷들은 바깥 날씨에 상관없이 내 몸에 맞는 온도와 습도를 알아서 유지해 주기 때문에 특별히 계절에 구애받지 않고 디자인할 수 있어서 훨씬 자유롭습니다.

## "원피스 검색"

말하자마자 대시보드에서 사진 속 옷을 인식하고 옷의 모양과 색, 질감을 분석하는 과정이 보입니다. 최적화 양은 일치율 92%로 가장 유사한 항목인 2010년 당시 A 브랜드의 옷을 골랐습니다. 이제 내 몸에 맞게 옷을 바꿀 차례입니다. 대시보드 앞에 서서 간단히 몇 가지 동작을 하면 내 움직임을 3차원 정보로 인식하고 몸의 형태와 자세를 분석합니다. 두 달 전 기록과 비교해 보니 몸을 교정해 주는 옷 덕분에 거북목이 눈에 띄게 교정되었고 양어깨의 균형이 맞춰진 것이 보입니다. 대시보드는 고른 옷을 입은 최적화 양의 시뮬레이션 모습과 몇 가지 추가 가능한 옵션을 보여주기 때문에 참 편리합니다. '어디 보자. 어깨 장식은 과하지 않게 바꾸고 치마 길이는 무릎 선으로 바꾸는 것이 좋겠다.' 원단은 스마트폰에서 전송된 신체 정보를 바탕으로 추천된 몇 가지 후보 중 하나를 고릅니다. 그리고 이 옷에 어울리는 브로치도 대시보드에서 추천하는 것으로 골랐습니다. 이제 대시보드에는 입력된 정보를 토대로 조금 전 최적화 양의 움직임에 옷이 더해져 새로운 옷을 입은 모습이 어떨지를 보여주고 있네요. 이제 이 옷을 만드는 데 참여할 업체들을 정할 것입니다.

## "옷 주문"

말이 떨어지자, 대시보드에는 새로운 옷을 만드는 데 필요한 과정들이 보여집니다. 새 옷을 기준으로 왼편에는 브로치 생산에 대한 과정이, 오른편에는 원단과 옷 생산에 대한 과정이 있고, 양옆에서 만들어진 옷과 브로치는 화면의 위쪽에 모여 완성된 옷이 되는 것 같군요. 대시보드에 나타난 주요 참여 업체들은 각자 원단을 만드는 일, 옷을 만드는 일, 브로치를 만드는 일, 마지막으로 브로치를 옷에 부착하는 일을 하고, 만들어진 것을 다음 단계로 보내는 일을 맡을 것입니다.

그림 10-1. 스마트패션 관리시스템

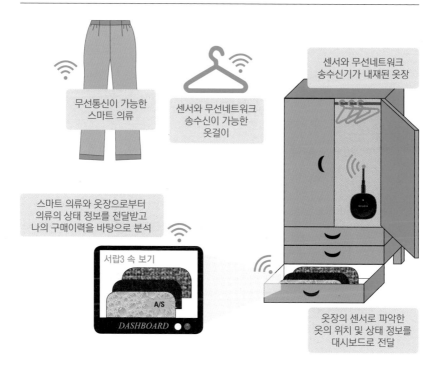

무선통신이 가능한
스마트 의류

센서와 무선네트워크
송수신이 가능한
옷걸이

센서와 무선네트워크
송수신기가 내재된 옷장

스마트 의류와 옷장으로부터
의류의 상태 정보를 전달받고
나의 구매이력을 바탕으로 분석

서랍3 속 보기

A/S

DASHBOARD

옷장의 센서로 파악한
옷의 위치 및 상태 정보를
대시보드로 전달

"요청 전송"

이라고 말하자 각 참여 업체에게 내 옷의 설계 정보와 생산에 필요한 내 정보가
암호화되어 전송됩니다. 요청이 전송되었고, 최적화 양이 커피를 가지고 온 사
이에 모든 참여 업체들이 수락한 것이 보입니다. 새 옷이 도착하기까지 나흘이
걸린다고 합니다. '이제 새 옷에 어울릴 신발이 있나 찾아봐야겠다.'

다시 대시보드를 향해

"내 신발"

이라고 말하자 현재 가지고 있는 신발들이 가상의 신발장에 정리된 모습으로

화면에 나타납니다. 실제로 집에 있는 신발장의 센서와 각 신발에 들어 있는 센서, 그리고 '스마트패션 관리시스템'에 정리되어 있는 구매이력 정보를 합쳐서 마치 직접 신발장을 들여다보는 것처럼 대시보드에서 신발들을 볼 수 있군요. 대시보드에 있는 소위 '스마트패션 관리시스템'은 소비자에 대한 기본적인 정보와 지금까지 소비자가 구매했던 제품의 정보를 가지고 유용한 정보를 제공해 줍니다. 지금 내 옷장 속 옷들의 상태가 어떤지, 만약 옷에 문제가 있다면 어떤 방법으로 A/S를 받을 수 있는지 알려주기도 하고, 내가 좋아하는 스타일을 분석해 새로운 디자인이나 내가 가진 옷과 어울릴 아이템들을 제안하기도 합니다.

위의 이야기같이 사물인터넷 및 센서 기술의 급속한 발전과 보급은 패션산업뿐만 아니라 우리 주변 대부분 제품들의 성격과 기능에 영향을 미치고 있습니다. 미래의 스마트 제조에 의한 제품은 인간과 독립된 사물이 아니라 사물과 제품 간에 통신하고, 인간과 지속적으로 정보를 주고받으며, 필요한 서비스를 제공하는 서비스형 제품이 될 것입니다.


## 생각하는 대로 설계하고 만든다


이산공 군은 간혹 이러한 상상을 해봅니다. '아침 식사를 하면서 동시에 머릿속의 생각만으로 TV 채널을 자유롭게 변경하고, 에어컨이나 히터를 작동시킬 수 있다면 우리의 생활은 훨씬 편리해질 것 같은데…. 두 손을 사용하지 못하는 특수한 상황에서, 만일 생각만으로 사물을 원격으로 조종할 수 있다면 인간의 활동 반경은 더욱 넓어질 수 있을 거야.'

머지않은 미래에 우리는 영화 '아이언 맨(Iron Man)'의 주인공 토니 스타크처럼 별다른 조작 장치 없이 기계(수트)를 작동할 수 있고, '마이너리티 리포트(Minority Report)'에서와 같이 사람의 생각을 읽어내어 문자나 그림으로 표현할 수도 있을 것으로 기대합니다. '아이언 맨'에서는 토니 스타크가 무거운 수트를 입고도 쉽게 적을 향해 미사일을 쏘며, 하늘을 자유자재로 날아다닙니다. 심지어 주인공이 원할 때 수트가 먼 거리를 날아와 주인공이 수트를 입을 수 있도록 도와줍니다. 아이언 맨 수트는 주인공의 생각을 읽고, 그 생각대로 반응하기 때문에 주인공이 쉽게 움직일 수 있고, 원할 때 입을 수 있는

**그림 10-2. 아이언 맨**

것입니다. '마이너리티 리포트'에서는 미래를 꿰뚫어 볼 수 있는 예언자가 범죄가 일어날 시간과 장소, 미래의 잠재적 범인을 예측하면, 치안 시스템이 예언자의 생각을 읽어내어 특수경찰로 하여금 범죄를 예방케 합니다. 이와 같은 영화 속 내용은 먼 미래의 이야기가 아닐 수 있습니다. 다가올 미래에는 사람의 뇌로부터 생각을 읽고, 이를 이용하여 기계를 움직이거나 컴퓨터 데이터로 저장하여 문자나 그림으로 표현할 수 있을 것입니다. 즉, 사람들의 생각을 읽고 그들이 선호하는 것이 무엇인지를 알 수 있고, 또 생각만으로도 사물들을 조작하여 공간과 육체의 한계를 어느 정도 극복할 수 있는 미래가 도래하게 될 것입니다. 이러한 것들이 가능하게 된다면 우리는 지금보다 시간을 더 효율적으로 활용할 수 있으며, 보다 풍요롭고 편리한 삶을 영유할 수 있을 것입니다.

생각만으로 기계를 작동하고, 생각한 것을 데이터화하기 위해서 필요한 기술은 무엇일까요? 컴퓨터가 인간의 뇌파를 탐지하고, 이를 데이터화하여 저장

그림 10-3. 뇌-컴퓨터 인터페이스

하고 처리하는 기술을 '뇌-컴퓨터 인터페이스(BCI, Brain-Computer Interface)' 기술이라 합니다. 사람이 신체를 움직이거나, 외부의 자극을 감지할 때, 또는 집중해서 어떤 특정 생각을 하게 되면 뇌의 일부 영역에서 전기적 신호가 발생합니다. 이 전기적 신호, 즉 뇌파를 컴퓨터로 측정하고 이것의 패턴을 분석하는 것입니다. 예를 들어 사람이 팔을 올릴 때의 뇌파를 여러 번 측정한 뒤, 이 뇌파가 어떤 양상을 띠고 나타나는지 그 패턴을 분석하여 팔을 올릴 때의 뇌파 패턴을 알아낼 수 있는 거지요. 이와 같이 사람의 다양한 행동을 대상으로 뇌파를 분석하여 사람의 행동 의도에 따른 뇌파 패턴을 정의하고, 이 패턴별로 기계를 움직이거나 생각하는 것을 글이나 그림으로 표현할 수 있는 것입니다.

사람의 행동별 뇌파의 패턴을 알아두면 아이언 맨의 수트처럼, 태권 V의 로봇처럼 생각만으로 기계를 조작하고 필요한 기능을 실행할 수 있을 것입니다. 간단하게는 리모컨 없이 TV나 에어컨을 조작할 수 있고, 마우스나 키보드 없이 문서를 작성할 수 있으며, 몰입감 있게 게임도 즐길 수 있습니다. 자동차를 운전하거나 자전거를 탈 때에도 굳이 손으로 조작하지 않아도 운전을 하거나 자전거를 탈 수 있으며, 스마트폰을 조작할 수도 있을 것입니다. 이 기술을 활용한다면 우리의 생활양식은 물론 산업계 전체에도 크나큰 변화가 생길 것입니다.

과거 우리는 기업이 만들어낸, 정해져 있는 제품밖에 살 수 없었습니다. 그러나 사람들의 삶의 질과 수준이 높아지고, '나'라는 존재가 중요해짐에 따라 점점 개성 있고 자신의 가치를 표현하는 제품들이 요구되었고, 기업은 이 요구에 대응하고자 제품의 종류를 다양하게 만들어 고객에게 다양한 선택이 가능하게 하였습니다.

그렇다면 과연 소비자들이 요구하는 제품은 무엇일까요? 고객 자신마저도 자신이 원하는 것이 무엇인지, 필요한 것이 무엇인지 구체적으로 표현할 수 없는 경우가 많습니다. 만일 '뇌-컴퓨터 인터페이스' 기술이 상용화되어 고객의 성향, 선호도, 깊은 곳의 생각을 읽는다면 그들이 진정으로 무슨 제품을 원하는지 또는 필요한지 알 수 있으며, 기업은 고객에게 매우 매력적인 제품을 설계 및 생산하여 제공할 수 있습니다. 즉, 바로 고객의 효율적인 니즈를 만족시킬 수 있는 것입니다.

그렇다면 고객은 어떻게 제품의 설계과정에 참여할 수 있을까요? 고도의 '뇌-컴퓨터 인터페이스' 기술은 컴퓨터로 하여금 내가 원하는 제품을 생각할 때 발생하는 뇌파 패턴을 인지하게 하여 학습된 프로그램을 통해 생각하고 있는 제품을 설계하는 것을 지원할 수 있습니다. 이 기술을 통해 내가 원하는 제품의 형태가 어떻게 생겼고, 어떠한 재질로 만들어져 있으며, 어떤 기능을 탑재해야 하는지 표현할 수 있습니다. 뇌파를 이용해서 그림을 그리거나 글씨를 쓰게 하는 기술의 발전된 형태인 것입니다. 만약 제품에 대한 정확한 정보가 없다면 전문 제품 디자이너의 도움을 받을 수도 있습니다. 즉, '뇌-컴퓨터 인터페이스' 기술이 적용된 헤드셋을 착용한 상태에서 원하는 제품을 생각하고, 매칭된 제품을 확인한 후, 구매 버튼을 누르기만 하면 됩니다. 이러한 환경은 소비자 입장에서 자신이 원하는 제품을 마음껏 설계할 수 있고, 기업 입장에서는 제품개발과 설계의 부담을 줄여 제품 생산에만 주력할 수 있기 때문에 매우 효율적인 생산-소비 시장이 구축될 것입니다.

미래의 어느 날, 이산공 군은 우리 집의 멋을 한층 높여주며, 나만의 개성이 반영되어 있는 그럴듯한 식탁을 갖고 싶습니다. 이에 이산공 군은 '뇌-컴퓨터 인터페이스' 헤드셋을 착용한 상태에서 원하는 식탁의 외형과 재질, 그리고 중요하게 생각하는 몇 개의 기능들을 생각합니다. 집 안의 분위기를 생각하여 현대적 가구 형태에, 예산과 이동성을 고려하여 재질은 플라스틱이면 좋겠고, 벽지와 기존 주방가구들의 분위기를 고려하여 검은색인 가구를 생각합니다. 이 생각을 '뇌-컴퓨터 인터페이스' 헤드셋이 읽어내고, 컴퓨터를 통해 뇌파 패턴을 분석하여, 온라인상의 데이터를 통해 컴퓨터가 스스로 디자인을 해줍니다. 이 디자인이 마음에 들지 않으면 다른 제품을 생각하여 부분적으로 수정할 수도 있습니다. 그리고 이러한 과정을 거친 설계도가 실시간으로 가구 제조업체에 전송되면 즉시 제작이 시작됩니다.

## 어떠한 기술로 만들까?

신세계 양은 졸업을 앞둔 대학생입니다. 그녀는 지금 쓰고 있는 휴대폰의 디자인이 구식이어서 새로운 휴대폰을 사려고 인터넷을 검색해 보고, 현재 판매 중인 휴대폰 중에 마음에 드는 디자인의 휴대폰이 없다는 걸 알았습니다. 고민을 하던 중, 신세계 양은 과거 강의시간에 3차원 모델링을 배웠던 게 생각났습니다. 결국 신세계 양은 3차원 모델링을 활용해서 휴대폰을 직접 디자인하기로 마음먹었습니다. 교내에는 3D 프린터가 설치되어 있고, 재료비만 지불하면 학생들이 자유롭게 이용할 수 있습니다. 신세계 양은 교내에 설치된 3D 프린터 중에서 자신이 원하는 디자인에 가장 적합한 3D 프린터를 선택하고, 휴대폰 제작을 위한 부품들을 출력합니다. 출력된 부품들은 이미 세부 조립 과정이 필요 없을 정도의 단위로 정교하게 출력이 되어 30분 만에 손쉽게 조립을 끝내고 휴대폰 제작을 마칠 수 있었습니다.

이렇게 휴대폰 제작을 마친 신세계 양은 자신만의 휴대폰을 친구들에게 자랑할 생각에 마음이 부풀어 있습니다. 그리고 실제로 친구들 사이에서 본인의 휴대폰 디자인에 대한 반응이 상당히 좋다는 것을 알고 더욱 신이 났습니다. 친구들 사이에서 반응이 워낙 좋으니, 신세계 양은 졸업을 앞두고 창업에 관심이 많던 터라 자신만의 특별한 휴대폰을 제조하는 사업을 생각하게 됩니다. 그러나 자신의 핸드폰 디자인이 마음에 들어도 현재 사용할 수 있는 교내에 설치된 3D 프린터가 보급용이라 제품의 내구성이 미흡하여, 이를 사업화하기 위해서는 전문제조업체의 도움이 필요하다고 생각했습니다. 신세계 양은 자신의 휴대폰을 제조해 줄 수 있는 전문제조업체를 알아보기 위해 본인이 개발한 휴대폰 3D 모델을 온라인상의 3D 디자인 스토어에 등록합니다. 한편 이효율 씨는 Smart Mobile이라는 스마트 팩토리를 운영하는 글로벌 전자제품 제조기업에서 제조 시스템 설계팀장으로 일하고 있습니다. 이효율 씨는 새 휴대폰 생산을 위해 3D 스토어를 검색하던 중, 신세계 양이 올린 휴대폰 3D 모델이 눈에 띄었습니다. 이

**그림 10-4. 3D 프린터**

에 이효율 씨는 마케팅 부서와 회의를 통해 이 제품의 시장에서의 성공 가능성을 검토해 보고, 3D 프린터를 통해 시제품을 제작하여 자사의 시제품 성능 테스트를 통해 디자인에 따른 내구성 및 사용자 편의성 등을 테스트해 보려고 합니다. 이효율 씨는 팀원들과 회의 끝에 최종적으로 신세계 양이 디자인한 휴대폰을 생산하기로 하고, 그녀에게 바로 연락하여 파트너계약을 맺습니다. 계약의 내용은 휴대폰 디자인에 대한 지식재산권과 수익의 일부를 신세계 양이 갖고, Smart Mobile은 해당 휴대폰을 전문적으로 생산해 주기로 한다는 것입니다. 신세계 양은 자신이 개발한 휴대폰의 이름을 New World로 정하고, 상품 등록을 합니다.

위의 이야기는 스마트 제조에 있어서 3D 프린팅 기술의 역할을 보여주고 있으며, 이를 통해 기존 제품 개발 과정과 미래 제품 개발 과정의 명확한 차이를 알 수 있습니다. 우선, 기존 제품 개발 과정의 경우에는 소비자의 아이디어가 직접 실현되어 상품화되는 경우가 거의 없으나, 미래 제품 개발 과정의 경우에는 3D 프린팅 기술의 발달로 참신한 아이디어와 3D 모델만 있으면 누구나 제품을 제조할 수 있기 때문에 다양한 주체가 제조업에 참여하여 새로운 부가가치를 창출할 수 있는 기회가 제공됩니다. 더욱이 3D 프린팅을 통해 아이디어 기획에서 시제품 생산까지 소요되는 시간이 획기적으로 단축될 수 있습니다. 최근 시제품 생산의 경우 많은 기업들이 제품의 수명주기가 짧아지는 추세에 대응하고 다양해진 고객의 니즈를 빠르게 반영하기 위해 3D 프린터를 활용하여 빠르고 저렴하게 시제품 제작을 하고 있습니다.

어느 날 이효율 씨의 스마트 워치에서 '건강 정보' 알람이 울립니다. 알람을 확인해 보니 '스트레스와 추위로 인한 몸살감기가 의심됩니다. 스마트 헬스케어 서비스로 연결해 진단을 받으시겠습니까?'라는 메시지가 뜨는군요. 연결 버튼을 터치하니 스마트 워치로 측정한 이효율 씨의 심박수와 혈압, 스마트 의류로 측정한 체온 정보와 청진 정보가 스마트 헬스케어 서비스로 보내집니다. 스마트 헬스케어 서비스는 이렇게 보내진 정보와 그동안 누적된 이효율 씨의 개인 건강 정보를 토대로 의료 분석을 한 후 진단 결과를 알려줍니다. 곧바로 의사와 상담이 필요하다는 메시지가 뜹니다. 이효율 씨는 잠시 후 의사와 양방향 영상으로 진료 상담을 진행하고, 스마트폰으로 인증된 처방전을 받아 근처 약국으로 향합니다. 약을 수령한 이후에도 이효율 씨 신체의 다양한 측정치가 스마트 헬스케어 서비스와 연동되고, 그 결과들이 의사에게 보내져 지속적으로 관리를 받게 됩니다. 약을 먹을 시간을 알려주기도 하고, 건강 상태가 더욱 악화되었을 경우 그에 따른 조치를 취해주며, 건강 상태가 정상치를 회복했을 경우 메시지로 알려주기 때문에 불필요한 과다 약물 복용을 차단할 수 있습니다. 이와 같이 생체신호 모니터링 디바이스는 신체부착형으로 구현되어 맥박, 혈압, 심전도, 체온, 혈당 등 다양한 생체신호를 측정하고 획득하여 전송합니다. 더 나아가 앞으로 생체신호 모니터링 디바이스는 센서나 칩을 인체에 이식하는 생체이식형으로 발전될 뿐만 아니라 인공 보조 장기와 연결될 것입니다. 다만 이러한 시스템은 심박기 신호정보 위·변조를 통한 전류량 과잉 공급과 개인의 신체 정보 유출과 같은 부작용에 대한 면밀한 분석과 대응이 수반되어야만 합니다.

이상 소개한 예처럼 스마트 제조는 3D 프린팅 기술을 이용한 개인 맞춤형 제품의 생산이 매우 용이하며, 사물인터넷과 인공지능 기술을 이용한 스마트 서비스를 제공하는 다양한 제품 및 시스템의 개발 및 보급이 가능합니다. 이러한 형태의 스마트홈, 스마트의료, 스마트카 등 모든 사물인터넷 기반 서비스가 일상생활로 확산될 것은 매우 확실합니다. 스마트 제조는 이제 단순히 물리적인 제품의 제조가 아닌 제품과 서비스가 통합된 맞춤형 제품-서비스 시스템의 제조를 의미합니다.

# 디지털 가상공장에서 미리 만들어본다

이효율 씨가 근무하는 Smart Mobile사는 최근 고객들이 원하는 납기일을 만족시킬 수준으로 지키지 못하는 어려운 상황에 있습니다. 한두 종류의 제품만 만들던 시절은 이미 지나가고 수십 가지 모델의 제품을 만들다 보니 공장 내부의 물류 흐름이 순조롭지 않아서 발생한 문제입니다. 이제는 근본적인 처방이 필요한 시기라는 생각이 듭니다. 산업공학(Industrial Engineering)을 전공한 이효율 씨는 어떻게 하면 이 문제를 해결할 수 있을지 고민입니다. 대학 시절 산업공학 교과목들을 참 재미있게 공부한 기억을 떠올리며 분석한 결과, 이러한 납기지연의 문제가 공장 내의 기계 배치 문제와 상당히 연관 있을 것이라는 결론에 도달합니다. 수많은 기계들이 놓여 있는 위치와 각 부품들이 거쳐가는 경로의 복잡성은 몇 가지 의문을 불러일으킵니다. '과연 지금의 설비나 기계들의 배치가 최선일까?' '많은 부품들이 이동할 때 서로 엉키지 않는 경로로 흐르게 할 수는 없을까?'

이러한 생각을 하면서 이효율 씨는 머릿속으로 공장 안에서 제품의 흐름을 염두에 두고 기계의 배치를 스스로 구상해 봅니다. 하지만 수많은 기계들의 배치를 사람의 머릿속으로 생각하는 것에는 무리가 있을뿐더러, 종이와 펜을 이용하여 가능한 기계 배치에 대한 구상안을 정리하는 것도 그 경우의 수가 너무 많아 엄두가 나지 않습니다. 그렇다고 공장 내에서 직접 기계를 옮겨가면서 가능한 배치안들을 시도하는 것은 엄청난 시간과 비용이 들어 거의 불가능할 것 같습니다. 설사 직접 기계를 옮겨 어떤 구상안대로 배치했다고 하더라도 과연 그 배치가 최선일까요?

그렇다면 만약 만들 제품을 컴퓨터를 이용해서 가상으로 만들어보고 여러 가지 실험까지 해볼 수 있다면, 나아가 전체 생산시스템까지도 컴퓨터로 미리 만들어볼 수 있다면 어떨까요? 이는 마치 제품을 만들 '가상의 공장'을 만드는

그림 10-5. 디지털 가상공장

것입니다. 이 공장을 컴퓨터로 만드는 데에는 실제 공장을 짓는 것처럼 막대한 비용이 드는 것도 아니고, 내 마음대로 설비들을 바꿔볼 수도 있고, 위치도 마우스 클릭 몇 번이면 가능할 것입니다. 또한 가상의 공장에서 또 다른 제품을 만들 수 있는지도 미리 알아볼 수 있고, 단 몇 분, 몇 초 내로 수십 번, 수백 번 변경할 수도 있을 것입니다.

실제로 공장이 돌아가는 방식 그대로를 반영한다는 것은 공장 내의 각 설비, 기계, 작업자들이 작업하는 현실과 가상공장에서의 시나리오 전개가 같아야 한다는 것을 의미합니다. 이것이 어떻게 가능할 수 있을까요? 이를 위해서 다시 사물인터넷이라는 기술의 힘을 빌려볼 필요가 있습니다. 이 기술이야말로 현재 상황에 대한 정확한 데이터와 정보를 제공해 줄 수 있기 때문입니다. 가상의 공장을 만드는 데 사용된 모든 데이터로 현실에서 발생하는 모든 사건들을 표현하는 것입니다. 이로써 디지털 가상공장은 컴퓨터상에 사이버로 존재하고, 현실의 공장은 물리적 형태를 가진 것이라는 차이만 있고, 두 세계가 돌아가는 모습은 동일할 것입니다.

컴퓨터상에서 여러 가지 기계 배치를 시도해 보는 작업은 비용도 매우 적게 들 것입니다. 또한 사이버 세계는 사람이 생각할 수 있는 경우의 수보다 훨씬 더 많은 경우의 수를 계산할 수 있고, 심지어는 가능한 모든 경우의 시나리오도 만들어 비교하고 분석할 수 있을 것입니다. 이것이 사이버 세계에서 수행되는 시뮬레이션이 앞의 문제를 해결하는 데 기여할 수 있는 이유입니다.

이효율 씨는 생산라인의 기계 배치 문제를 성공적으로 해결한 후, 실제 제품 생산을 하면서 발생하는 상황에 대해 관심을 갖게 됩니다. 과거 휴대폰 생산라인에서는 기껏해야 다섯 종류의 색상을 가진 제품들만 생산할 수 있었으나, 이제는 소비자의 취향대로 주문을 받아 수백 수천 종의 색상을 가진 맞춤형 핸드폰을 생산할 수 있게 되었습니다. 이때 모든 생산 공정은 동일하나, 최종적으로 개별 주문에 따라 맞는 색상의 케이스를 조립해야 합니다. 이는 작업자가 매번 결정하지 않고, 개별 주문의 본체와 이에 맞는 색상의 케이스를 디지털 가상공장에서 재고와 납기, 시장 상황을 고려하여 최적의 의사결정을 한 후, 조립 로봇에 명령 신호를 전달하는 자율제어시스템으로 운영됩니다. 이는 휴대폰에 대한 현재 주문의 상황, 제품 시장에 대한 빅데이터 분석을 통한 인공지능 기반 수요 예측, 생산라인의 반제품 재고 상황과 예측 등을 통해 디지털 가상공장을 모의실험하면서 실시간으로 의사결정하는 스마트 제조를 실현하는 모습입니다.

# 스마트 제조는 기업가 정신을 가진
# 산업공학도를 요구한다

미래 시장의 변화를 예측하고 선도하는 기업가 정신은 1870년대, 1930년대의 세계 대공황을 극복하는 원동력이 되었습니다. 2007년 세계 금융위기, 2020년 팬데믹 환경을 거치면서 세계 경제는 장기 침체기로 접어들고 있습니다. 우리는 또 다른 새로운 기업가 정신이 필요한 시대를 살고 있습니다. 기업가 정신은 혁신성과 창의성을 바탕으로 합니다. 스마트 제조의 특성을 살펴보면 미래 시장을 이끌어가는 신기술의 혁신성과 이를 효과적으로 이용하는 창의적인 제품 개발 능력을 필요로 합니다. 산업공학은 여러 학문에서 개발된 신기술을 융합하여 창의적인 제품과 서비스를 창출하는 학문이며, 이러한 능력을 갖춘 인재를 배출하는 학문입니다. 산업공학도는 미래의 제조, 즉 스마트 제조가 필요로 하는 인재입니다.

CHAPTER 11

# 시뮬레이션
## 복잡한 현상과 사건을
## 가상으로 실행, 예측, 분석하기

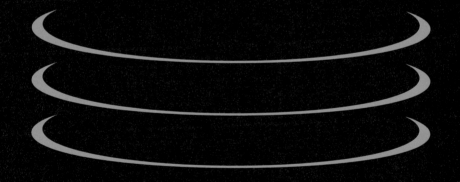

**노상도**
성균관대학교 시스템경영공학과 교수

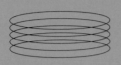

# 시뮬레이션은
# 무엇일까요?

시뮬레이션은 현실의 복잡한 현상이나 사건, 대상을 진짜와 같이 흉내 내는 모형(model)을 만들고 이를 가상(virtual)으로 실행해 봄으로써 특성을 파악하고, 결과를 예측 · 분석 · 평가하며, 이를 바탕으로 여러 계획과 해결 방안 등을 검증하고, 최적의 의사결정을 하는 모의실험을 뜻합니다. 시뮬레이션은 데이터와 정보통신, 최적화 기술들을 융합하여 우리 생활과 사회에 필요한 여러 가지 시스템과 서비스를 실현하기 위해 다양하게 활용되고 있습니다.

# 시뮬레이션이란?

    1939년 말, 제2차 세계대전이 시작되었고 독일군과 영국, 프랑스를 중심으로 한 연합군 사이에는 서로 선전포고는 하였으나 전투는 벌어지지 않는 이상한 전쟁이 진행 중이었습니다. 연합군은 소위 마지노선(Maginot Line)으로 불리는 강력한 요새들로 이루어진 요새선과 방어진지에 둥지를 틀고 방어 위주의 전략을 전개하고 있었고, 독일군은 이를 돌파할 방법을 찾고 있었던 까닭이었습니다. 연합군이 구축한 요새들 중 가장 강력하다고 평가되던 곳이 벨기에의 에방에말 (Ében Émael) 요새로, 8 km 길이의 엄청난 콘크리트 요새에 17개의 벙커와 화포 18문 등 강력한 화력을 보유하고 있고, 알베르 운하가 전방에 흐른다는 지형적 이점을 갖추고 있었습니다. 이 요새는 교통의 요지에 자리 잡고 있어 우회가 불가능했기 때문에 전격전을 계획하고 있던 독일군에게 가장 고민스러운 대상이었습니다. 정면 공격할 경우 수만 명의 손실이 예상되었던 상황이었으나, 난공불락으로 불리던 이 요새는 전투가 벌어진 후 단 15분 만에 무력화되고, 결국 약 30시간 후에 독일군의 수중에 떨어지고 맙니다. 이때 독일군의 손실은 겨우 수십 명에 지나지 않았다고 합니다. 이렇게 엄청난 위험과 손실이 예상되고 해결

**그림 11-1. 당시 마지노선과 현재 남아 있는 에방에말 요새의 포탑**

방법을 찾기 어려운 문제를, 믿을 수 없을 만큼 적은 손실로 해결할 수 있었던 비결은 무엇이었을까요? 바로 시뮬레이션(simulation)입니다. 즉, 독일군은 난공불락이라는 에빙에말 요새를 공격하기 위해, 비밀리에 입수한 설계도 등의 정보를 바탕으로 실제와 똑같은 요새를 독일 내에 건설하여, 여기서 미리 수십 차례 다양한 공격방법과 전술을 연습했던 것입니다. 이를 통하여 이 요새가 공중으로부터의 공격에 매우 취약하다는 것을 알아냈고, 수십 개에 이르는 포대의 위치와 각각에 대한 가장 효율적인 공격방법을 사전에 결정하여 공격했다고 합니다.

시뮬레이션은 현실의 복잡한 현상이나 사건, 대상을 진짜와 같이 흉내 내는 모형(model)을 만들고 이를 가상(virtual)으로 실행해 봄으로써 특성을 파악하고, 결과를 예측 · 분석 · 평가하며, 이를 바탕으로 여러 계획과 해결 방안 등을 검증하고, 최적의 의사결정을 하는 모의실험을 뜻합니다. 르네상스 시대 이탈리아의 위대한 천문학자이자 물리학자, 수학자였던 갈릴레오 갈릴레이(Galileo Galilei)도 시뮬레이션의 선구자 중 한 사람으로 손꼽히는데요. 베네치아의 한 조선소에서 엔지니어로 일했던 시절에 우수한 선박을 가능한 적은 비용으로 빨리 개발하기 위하여 축소 모형의 사용을 제안했다고 합니다. 즉, 실제로 제작에 들어가기 전에 제작하고자 하는 배의 축소 모형을 만들어 물에 띄워보고, 다양한 상황에 대한 실험들을 수행하여 발생 가능한 여러 문제들을 사전에 검토하고 설계를 개선함으로써 우수한 함선을 신속하게 개발하는 데 크게 기여했다고 합니다. 독일군이 에빙에말 요새를 공격할 때, 또 갈릴레오 갈릴레이가 함선을 개발할 때 사용한 방법은 시뮬레이션의 가장 고전적인 예로서, 실제와 비슷한 실물을 만들어 이용하는 방법입니다. 그러나 실물을 제작하기 위해서는 많은 경우 상당한 비용과 시간, 노력이 필요하기 때문에 이를 줄일 수 있도록 컴퓨터를 이용하여 모의실험을 수행하는 경우가 많으며, 현대에는 이를 컴퓨터 시뮬레이션(computer simulation)이라고 합니다. 컴퓨터 시뮬레이션에서는 컴퓨터에 실제의 환경과 거의 같은 상황과 결과를 연출하는 프로그램을 만들어놓고, 입력값과 환경 정보 등을 입력하여 실행해 봄으로써 실제와 같은 결과를 예측해 냅니다. 이렇게 하면 짧은 시간 안에 여러 가지 상황들과 방안들에 대한 실행 결과를 비교적 쉽게 얻을 수 있습니다. 이는 소요 비용과 시간, 편의성 등의 측면에서 매우 유리하기 때문에 근래에는 시뮬레이션을 수행할 때 거의 모든 경우에 컴퓨터를 사용하고 있으며, 이를 위하여 시뮬레이션 대상과 상황, 환경 등에 대한 디지털 모델(digital model)을 구성해 활용하고 있습니다. 모델을 구성하고, 이를 시뮬레이션한다는 측면에서 이와 관련된 분야와 기술을 모델링 & 시뮬레이션 (modeling & simulation)이라고 합니다.

## 시뮬레이션은 어떤 문제 해결에 활용될까?

여러분이 어떤 패스트푸드 매장을 운영하고 있으며, 가격할인 등의 마케팅 전략을 통해 고객을 늘리고자 한다고 가정해 봅시다. 매장은 하루에 10시간 영업을 하며, 종업원이 1명의 손님을 서비스하는 데 소요되는 시간은 2.85분이고, 현재는 하루 평균 100명 정도의 손님이 오지만, 향후에는 200여 명이 올 것으로 기대된다고 가정해 봅시다. 하루에 200명의 손님이 도착하므로 평균 3분마다 1명이 도착하는 것이고, 손님을 서비스하는 데 소요되는 시간이 2.85분이므로 종업원의 가동률은 2.85 ÷ 3 = 0.95입니다. 한 손님에 대한 서비스가 종료되면 0.15분의 휴식시간을 가진 후 다음 손님이 도착하므로 고객의 대기시간은 없으며, 종업원 앞에서 대기하는 손님은 1명도 없을 것입니다. 이렇게 평균적으로 예상해 보면 최상의 고객 서비스가 제공되고 있고, 종업원도 가동률 95%로 거의 쉬지 않고 일하고 있는 상황으로 볼 수 있습니다.

그러나 평균적인 계산이 아니라 손님들이 1명씩 독립적으로, 동일한 도착률로 매장에 오는 상황을 생각해 봅시다. 이렇게 가정하면 손님들의 도착은 포아송 프로세스(Poisson Process)가 되며, 이때 손님의 도착 시간 간격은 지수분포

그림 11-2. 패스트푸드 매장 문제: 손님, 종업원, 주방, 공간

(exponential distribution)를 따르게 됩니다. 종업원의 서비스 시간 역시 지수분포를 따른다고 가정하면, 대기행렬이론(queuing theory)에 의하여 종업원 앞에서 대기하는 손님의 평균 대기시간은 54.15분, 주문을 완료할 때까지 소요되는 평균 체류 시간은 57분, 대기하고 있는 손님의 평균 숫자는 18.05명으로 산출됩니다. 앞에서 평균 개념을 적용했을 경우에는 대기시간이 없었지만, 손님의 도착과 서비스 시간이 지수분포를 따르는 경우에는 주문을 하기 위해서 대기하는 시간이 거의 1시간 가까이 소요되는 것입니다.

이제 조금 더 현실적인 상황을 생각해 봅시다. 실제 상황에서 손님은 1명씩 도착하지 않을 뿐 아니라, 하루 종일 동일한 비율로 도착하지도 않습니다. 점심, 저녁시간 등 피크타임에는 더 많은 손님이 올 것이고, 이때 대기하는 손님이 많은 것을 본 다른 손님은 매장에 들어오지 않고 발걸음을 돌릴 수도 있습니다. 또한 매장에 들어와서 대기하다가 너무 지체되어 포기하고 나가는 손님도 발생하게 됩니다. 한편 종업원도 하루 종일 계산만 할 수는 없습니다. 휴식도 취해야

하고 식사도 해야 하므로 서비스 시간의 변동성이 더욱 커지게 되며, 이에 따라 손님의 대기시간은 더 길어지게 됩니다. 결국 1명의 종업원으로는 고객 서비스가 매우 미흡하므로, 몇 명의 종업원을 추가로 고용할 것인가에 대한 의사결정이 필요합니다. 이때 풀타임 종업원을 추가로 고용하거나 특정 시간대에만 일하는 파트타임 종업원을 고용할 수도 있고, 파트타임 종업원을 고용하는 경우에는 몇 시부터 몇 시까지 몇 명을 고용하는 것이 가장 좋은지 결정해야 합니다. 아울러 추가되는 종업원의 인건비를 상쇄하기 위해서는 최소 몇 명의 손님이 더 와야 손익분기가 될지도 검토해야 합니다. 만약 종업원 수 결정 문제의 최적해를 찾기 위해 실제 매장을 운영하면서 발생하는 문제를 시행착오로 해결한다면, 이 패스트푸드 매장에 대하여 이미 너무 오래 기다리는 곳이라는 부정적인 생각을 가지게 된 손님은 다시는 이 매장을 찾아오지 않을 것이며, 또한 SNS 등을 통해 나쁜 평판이 전파될 것입니다. 이러한 종업원 수 결정 문제를 미리 수학적으로 해결할 수 있을까요? 앞에서 설명한 바와 같이 손님들의 도착 과정이 포아송 프로세스이고, 종업원의 서비스 시간이 지수분포인 경우로 가정한다면 간단하게 수학적으로 산출할 수 있지만, 아쉽게도 복잡한 현실 상황을 해결할 수 있는 수학적 방법은 없습니다. 그러나 시뮬레이션을 통해서는 손님의 도착과 종업원의 근무 데이터를 이용하여 대기시간을 예측하는 모델을 수립하고 분석함으로써 종업원 수에 대한 최적해를 찾아낼 수 있습니다.

매장 운영의 실제 문제는 종업원 수 결정만으로 끝나지 않습니다. 이제 주방 문제를 한번 생각해 봅시다. 현재까지 2명의 주방 인력이 100인분의 음식을 만드는 데 문제가 없었다고 한다면, 200인분의 음식을 만들기 위해서는 몇 명의 주방 인력이 추가로 필요한지 결정해야 합니다. 단순하게 생각하여 2명을 추가로 고용한다면 인건비 상승 부담도 커질 뿐만 아니라, 4명이 일하기에는 주방 공간이 협소할 수도 있습니다. 또한 주방 인력을 추가로 고용한 후 손님이 감소한다면 이들을 마음대로 해고하여 줄일 수도 없습니다. 산업공학적으로 이 문제를 해결하기 위해서는 현재 주방에서 조리하는 과정을 분석하고, ECRS 기법을

사용하게 됩니다. 즉, 필요 없는 공정을 제거하고(Eliminate), 공정들을 통합하고
(Combine), 재배열하고(Rearrange), 단순화하여(Simplify) 공정을 변경한 이후에,
필요하다면 주방시설을 더 늘리거나 자동화 설비를 설치하고, 이후 최소한의 추
가 인력을 채용해야 할 것입니다. 이러한 방법을 사용하여 주방의 조리 시스템
을 개선하면 음식을 조리하는 데 소요되는 시간이 절약되므로 결과적으로 인건
비를 절약할 수 있게 됩니다. 어떤 방안을 통해 주방 시스템을 가장 적은 비용으
로 개선할 수 있는지 찾아내는 수학적 방법은 없으나, 시뮬레이션을 통해 조리
시스템 개선에 대한 여러 방안들을 비교하고 검토함으로써 최선의 개선책을 찾
아낼 수 있습니다.

다음으로 매장의 공간 문제입니다. 현재 매장은 100명의 손님이 와서 식사
를 하도록 설계되어 있으므로, 손님이 200명으로 늘어나 식사할 장소가 모자란
다면 고객의 불만이 클 것입니다. 손님이 동시에 몰려들지 않게 하기 위해 오후
2~5시에 할인 정책을 사용한다면 손님이 어느 정도 분산되어 매장의 공간을 줄
일 수 있겠지만, 여러 가지 대책과 그 효과를 수학적으로 계산하기는 쉽지 않습
니다. 그러나 이때도 시뮬레이션을 사용한다면 효과를 예측하고 분석하는 것이
가능합니다.

또한 현실의 문제들은 각각 단순하지 않을 뿐만 아니라 여러 문제들이 복합
적으로 작용합니다. 매장을 효율적으로 운영하고 이윤을 극대화하기 위하여 종
업원 문제와 주방 문제, 그리고 공간 문제를 순차적으로 해결해야 할까요? 아니
면 세 가지 문제를 통합적으로 동시에 고려하는 것이 좋을까요? 혹시 여러분들
중에 '산업공학은 나무(부분)를 보는 학문이 아니라 숲(전체)을 보는 학문'이라
는 이야기를 들어보신 분이 계신다면, 당연히 후자가 정답이라고 생각하실 겁니
다. 그러나 이 매장에 들어오는 손님들의 도착은 종업원, 주방 인원, 매장 공간에
영향을 미치며, 또한 손님의 도착 간격 시간, 종업원의 서비스 시간, 주방의 조리
시간 등은 모두 랜덤(random)하게 변하므로 매장 전체에 대하여 수학적 기법을
이용하여 통합적으로 최적의 운영전략을 개발하는 것은 현실적으로 불가능합

니다. 매장과 운영전략을 실제로 변경하기 전에 시뮬레이션을 이용하여 통합적으로 가장 좋은 방안을 찾아 적용한다면, 최적화와 함께 추후 발생할 수 있는 문제점을 사전에 찾아 대응할 수 있으므로 최소의 비용으로 고객 만족도를 극대화할 수 있는 방안을 찾을 수 있습니다.

오늘날 기획, 마케팅, 생산, 물류, 재무, 노무 등 기업의 여러 부문에 대한 전사적인 통합 계획과 관리의 중요성이 더욱 커지고 있으며, 시뮬레이션의 중요성 또한 커지고 있습니다. 예를 들어 자동차, 조선, 반도체, 디스플레이, 스마트폰, 전자제품, 2차 전지 등 우리가 사용하고 있는 대부분의 제품을 개발하고 생산하는 제조업을 생각해 봅시다. 제조업에서 하나의 제품이 만들어지기 위해서는 먼저 소비자들의 수요를 조사하여 제품의 개념을 수립하고, 이를 바탕으로 제품을 상세하게 설계하며, 만들어진 제품 설계를 바탕으로 공정과 설비 계획 등을 포함한 생산준비를 수행하고, 생산을 수행하기 위한 설비, 생산라인, 물류시스템과 공장을 구현하며, 시장 수요를 고려하여 생산계획을 수립하고, 생산을 실행합니다. 이상과 같은 제품개발 및 생산 과정에서 수립되는 수많은 설계, 계획과 의사결정에 있어서 다양한 디지털 모델을 구축하고, 컴퓨터 시뮬레이션을 수행하고 있습니다. 즉, 생산시스템의 물리적·논리적 구성요소들과 거동을 엄밀하게 모델링하여 통합된 디지털 모델을 구성하고, 3차원 CAD(Computer-Aided Design) 설계, 생산/물류/레이아웃(production/material flow/layout) 시뮬레이션, 생산정보 관리, 산업용 사물인터넷(IIoT, Industrial Internet of Things)을 통한 제조 현장 정보 공유 등 다양한 기술들을 융복합적으로 활용하여, 전체 생산 공정에 걸쳐 각종 오류들의 사전 검증과 효율적인 의사결정을 컴퓨터 시뮬레이션을 통해 수행함으로써 신속하고 효율적인 제품 개발 및 생산을 실현하고 있습니다. 생산자동화(production automation), 컴퓨터통합생산(CIM, Computer Integrated Manufacturing), 지능형생산시스템(IMS, Intelligent Manufacturing System), 스마트 팩토리(smart factory), 스마트 제조(smart manufacturing)에 이르기까지 제조업의 정보화와 지능화를 이루기 위한 방법과 전략의 핵심에 시뮬레이션이 있습니다.

**표 11-1. 분야별 시뮬레이션 활용 개념 및 적용 범위**

| 분야 | 활용 개념 | 적용 범위 |
|---|---|---|
| 제조 | 제조 시스템의 4M2E(Man, Machine, Method, Material, Environment, Energy)를 시뮬레이션하고, 제품의 설계/생산/유통/유지보수 등 전 수명주기에 걸쳐 다양한 문제들을 분석, 최적화하는 지능형 생산 | • 제품/제조 공정/설비/물류/공장을 모사하여 분석하는 시뮬레이션<br>• 생산 과정의 효율화/자동화/지능화를 통해 생산성/품질/납기/유연성 등을 향상하는 사전/실시간/대안 시뮬레이션<br>• 공장 운영상의 이상상황 대응과 작업자 안전도 향상, 사고 예방 등을 지원하는 시뮬레이션 |
| 유통·물류 | 실제 물류 시스템에 대한 시뮬레이션 모델을 구축/예측/분석하여 맞춤형 물류, 배송 최적화 등이 가능한 물류 지능화 | • 유통·물류 거점 시설, 자원 및 운영 프로세스 대상 수요/공급 기반의 물류 흐름 시뮬레이션 |
| 해양 | 항만시설/물류/선박과 항만 안과 밖의 모든 움직임을 포함하는 시뮬레이션을 통하여 항만 운영/환경오염/물류/에너지 등을 분석·예측하여 신항만 설계부터 항만 운영, 주변 도시까지의 여러 문제 해결 | • 항만 내 모든 작업자 활동/프로세스/환경/시설/시스템에 대한 시뮬레이션<br>• 항만 내 물류 이동/선박 관리와 항만 주변 환경/교통 흐름 시뮬레이션 |
| 건설·토목 | 설계/시공/유지관리를 포함하는 건설·토목의 모든 단계 모델링과 시뮬레이션을 통한 통합 예측 기반의 생산성과 안전성 극대화 관리 및 운영 | • 건설·토목의 설계/시공/유지관리 등 건설 전 수명주기 지원 시뮬레이션<br>• 시공 현장의 인력/장비/가시설/구조물 등의 시뮬레이션을 통한 예측 기반 분석/관리/운영 |
| 스마트 시티 | 다양한 도시문제에 대한 감시/진단/예측과 해결 방안 모색을 위한 시뮬레이션과 이를 이용한 사전 학습/시험/검증 및 관련자들의 의사소통 | • 건물, 시설, 인프라 등 도시 구성요소의 정적·동적 특성에 대한 시뮬레이션<br>• 도시의 사물, 공간, 사람 등 요소 간 연계 및 상호 작용 시뮬레이션 |
| 교통·모빌리티 | 교통 데이터 기반 도로 교통 환경 분석/예측/검증 시뮬레이션과 교통·모빌리티 서비스 변경이나 신규 서비스 도입에 대한 예측, 최적 운영 및 관리 | • 교통·모빌리티 대상 미시·거시 수준 계획/분석/관리 시뮬레이션<br>• 관련 인프라 계획/분석/관리를 위한 시뮬레이션 |
| 에너지 | 전력 수급 체계에 대한 모델링과 시뮬레이션을 통한 수요 맞춤형 에너지 수급 최적화 등 디지털 에너지 지능화 | • 송배전, 발전, 에너지 소비원 등 에너지 수급 설비와 밸류 체인 시뮬레이션<br>• 계통 유연화, 자원 생명주기 관리, 자율 이동 수요 관리 등 지능형 서비스 시뮬레이션<br>• 발전소 인명사고 예방을 위한 위험 예측 및 안전 시뮬레이션 |

(계속)

| 분야 | 활용 개념 | 적용 범위 |
|---|---|---|
| 농축수산 · 환경 | 식물/동물/해양생물 대상 농장을 사전 설계 · 검토하고, 환경/생육 관리에 필요한 다양한 시뮬레이션 을 수행하여 운영/사육 환경 분석/ 예측/최적화 | • 시설 원예/축사/양식장/자연환경 등과 작업자/생물/시설/환경/기자재 등을 포 함하는 모델과 시뮬레이션<br>• 생산/유통/가공/에너지/환경오염/저탄 소 등의 여러 문제를 분석 · 해결하는 시 뮬레이션 |
| 국방 | 훈련에 대한 시뮬레이션 적용을 통 하여 실제와 같은 전투를 가상으로 체험하고, 병사의 생존율과 전투 기술 향상을 통한 군 준비태세 극 대화 | • 기능/성능 분석 및 중장기 유지보수를 위 한 무기 체계 시뮬레이션<br>• 전장 환경 모델링과 전투 훈련, 원격 주 둔군과의 연합 작전 등의 시뮬레이션 |
| 재난 안전 | 발생 가능한 다양한 재난 · 안전 문 제점의 시뮬레이션을 통한 피해 확 산 최소화와 예측 및 예방 중심의 재난 안전 관리 | • 자연재해(폭풍/홍수/해일/지진/산사태 등), 사회재난(화재/붕괴/폭발/교통사 고/화생방 사고/환경오염사고 등) 등의 예방, 효율적 대처를 위한 시뮬레이션<br>• 자연재해와 사회재난의 복합 발생에 대 비한 사회 인프라와 재난 요인, 대응 자 원 등에 대한 안전 관리 시뮬레이션 |
| 생활 안전 | 산업 사고나 범죄 현장에 대한 시뮬 레이션을 통한 사고원인 분석, 산업 안전 및 치안 관련 예측 및 예방 | • 우범지역(치안 낙후 지역, 유흥시설 밀집 지역 등) 분석/관리 지원 시뮬레이션<br>• 산업현장 관리 및 중대재해 발생 방지를 위한 시뮬레이션(제조/건설 현장 등)<br>• 범죄/사건사고 분석 및 재발 방지, 조사 및 훈련 지원 시뮬레이션 |
| 의료 · 헬스케어 | 환자의 건강과 의료 정보에 기반한 시뮬레이션을 통한 질병 진단, 질 병 예후 예측 및 관리, 맞춤형 치료 방법에 대한 분석 | • 환자의 신체적 · 정신적 특성을 표현하고 모사하는 시뮬레이션<br>• 병원 내 검사/진단/치료 프로세스, 운영 관리 체계, 기록, 공간 및 설비를 포함한 질병 진단/예방/치료/처방/수술/예후 관 리/원무/제약/공중보건 등을 포함하는 시뮬레이션 |
| 웰니스 | 사회적 · 경제적 · 지적 활동과 라 이프 스타일 등 웰니스 관련 정보 기반 시뮬레이션을 통한 개인의 행 복과 복지 증진 | • 개인의 사회적 · 경제적 · 지적 활동과 라 이프 스타일 등에 대한 시뮬레이션<br>• 개인의 행복과 복지를 위한 다양한 활동 및 집단과 커뮤니티를 포괄하는 시뮬레 이션 |

수많은 설계, 계획, 방안, 제도, 정책 등을 실제로 적용하기 전에 미리 시험하여 발생 가능한 여러 문제들을 사전에 검토함으로써, 결과적으로 실수나 시행착오 없이 올바른 의사결정을 하고자 하는 것은 인류의 오랜 희망사항입니다. 그리고 디지털 모델과 컴퓨터 시뮬레이션을 통하여 이러한 꿈들이 실현되고 있습니다. 예를 들어 우리가 보다 편하고 안전하게 생활하기 위해서는 더 좋은 건물을 짓고, 쾌적한 생활공간을 구성하며, 우수한 물건을 만들어 사용해야 합니다. 그러나 요구되는 기능과 성능을 만족시키는지, 사람들의 건강과 안전에 위험요소는 없는지, 더 개선해야 할 부분은 무엇인지 등을 일단 짓고 만들어 사용하면서 발견하고 고쳐나가는 경우가 많으며, 여기에 소요되는 사회적 비용과 노력이 매우 크다고 말할 수 있습니다. 만약에 실제로 적용하기 전에 가상으로 실행하여 결과를 예측하고 검증해 실수나 시행착오 없이 우리가 원하는 결과를 얻을 수 있는 좋은 의사결정을 할 수 있다면, 우리 사회가 얻을 수 있는 이득과 효용은 그야말로 엄청나다고 할 수 있을 것입니다. 표 11-1은 여러 분야별로 시뮬레이션이 활용 및 적용되는 개념과 범위를 간략하게 정리한 것입니다.

## 시뮬레이션은 어떻게 구현되고 적용될까?

일반적으로 프로젝트는 계획, 설계, 준비, 설치, 실행, 운영 단계로 진행됩니다. 후반기인 설치, 실행, 운영 단계에서 발생하는 오류와 이에 따른 변경 비용은 매우 크며, 이에 비해 계획, 설계, 준비 단계에서 소요되는 비용은 매우 적지만 전체 비용의 상당 부분인 70% 이상을 결정하기 때문에 선행 단계에서 올바른 의사결정의 중요성이 강조됩니다. 미국의 34대 대통령인 아이젠하워는 "Plan is nothing, but planning is everything."이라는 말을 남겼습니다. 즉, 미래는 불확실하므로 계획대로 되는 일은 없으나, 계획하는 과정에서 진행되는 다양한 분석 및 검토, 여러 대안들에 대한 'WHAT IF' 시나리오와 대처 방법 등이 매우 중요하다는 것입니다. 시뮬레이션은 여러 조건에서 전체 프로세스와 시스템에 대해 보다 나은 이해를 제공하며, 계획, 설계, 준비 단계에서 여러 가지 시나리오를 현실과 최대한 유사한 상태에서 분석·검증하고, 최선의 방안과 대처 방법을 선택할 때 사용되는 매우 중요한 도구라고 할 수 있습니다.

일반적으로 시뮬레이션은 그림 11-3과 같이 ① 모사·분석 대상에 대한 충분한 이해와 목적 설정, ② 시뮬레이션에 관한 전반적인 계획 수립, ③ 필요 자료 및 데이터 수집, ④ 모델링 및 시뮬레이션 구현, ⑤ 모델의 정확성 및 타당성 검증, ⑥ 시뮬레이션을 이용한 실험 설계, ⑦ 시뮬레이션 실행 및 결과 정리, ⑧ 결과 분석 및 보고 단계로 진행됩니다. 시뮬레이션을 성공적으로 수행하기 위해서는 시뮬레이션 모델과 이를 이용한 실험을 설계하고, 입출력 자료와 결과 분석

**그림 11-3. 시뮬레이션 구현 및 적용 절차**

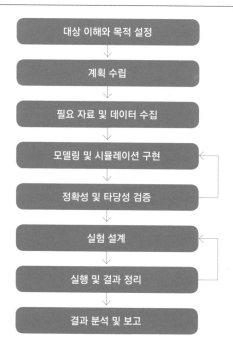

등에 필요한 공학적 지식과 양질의 데이터, 그리고 충분한 모델링, 시뮬레이션 실행과 분석 시간이 필요하며, 시뮬레이션 모델 구축에 대한 숙련도 역시 요구됩니다.

물론 현실 또는 미래에 발생하는 상황과 결과에 대하여 100% 정확하게 시뮬레이션할 수는 없습니다. 또 설사 가능하다고 해도 모델을 구축하고 시뮬레이션하는 데 지나치게 많은 시간과 비용이 들어간다면, 시뮬레이션을 통해 얻을 수 있는 이점들은 사라지게 될 것입니다. 예전에는 컴퓨터 하드웨어와 소프트웨어들의 한계에 의해 시뮬레이션을 수행하기 위해서도 상당한 시간과 비용이 소요되었으나, 하드웨어 사양과 컴퓨팅 기술이 크게 발전하고 우수한 소프트웨어들이 개발됨에 따라 시뮬레이션을 수행하는 것은 예전에 비해 쉬워졌고, 필요한 노력도 많이 줄어들었습니다. 또한 시뮬레이션 모델 구성과 실행에 필요한 프로그래밍도 간단하고 쉽게 구현할 수 있도록 발전되었고, 입출력 데이터 처리와 통계분석 등도 자동으로 처리되며, 결과에 대한 3차원 가시화와 애니메이션, VR/AR 연계도 용이하고, 데이터베이스나 클라우드, 다른 시스템들과의 연계와 통합 기능 등도 매우 빠르게 발전하고 있습니다.

## 시뮬레이션의 미래 발전 방향은?

최근 데이터에 기반한 초연결, 초융합, 초지능을 특징으로 하는 4차 산업혁명으로 우리 사회, 경제 체계와 생활이 크게 변화하고 있습니다. 글로벌 무한 경쟁의 시대, 점점 더 복잡하고 자주 변화하는 대상과 상황에 대해 빠르고 정확한 의사결정이 필요하기 때문에 시뮬레이션의 활용도와 중요성은 점점 더 커지고 있습니다. 아울러 컴퓨터와 소프트웨어, 정보통신 기술의 발전으로 더욱 편리하고 효율적으로 모델을 구성하고 시뮬레이션을 적용할 수 있게 되었습니다. 주변의 알기 쉬운 사례로 자동차 운전을 도와주는 내비게이션 시스템을 들 수 있습니다. 그림 11-4와 같이 내비게이션 시스템에서는 GPS를 이용해 현재의 위치를 인식하고, 가고자 하는 목적지를 선택하면 도로망, 교통량, 통행료 등의 여러 가지 정보를 바탕으로 산출된 최적의 경로가 제시됩니다. 이는 여러 정보를 바탕으로 구성된 교통 모델을 기반으로 경로 최적화를 수행한 결과라고 할 수 있습니다. 그런데 결국 운전자에게 중요한 것은 '그래서 내가 언제 도착할 수 있느냐' 하는 것이겠지요. 내비게이션 시스템에서는 산출된 최적 경로에 시간대별 교통량이 얼마나 되는지, 해당 도로의 평균/최대 속도는 어떻게 되는지 등을 바탕으로 운행 시뮬레이션한 결과를 보여줌으로써 운전자의 판단을 도와줍니다. 즉, 출발 전에는 산출된 경로로 가게 되면 언제 도착할 수 있을지를 선행 시뮬레이션을 통해 보여주며, 가는 도중에도 계속 현재 상황에서의 도착 예정 시간을 실시간 시뮬레이션하여 보여줍니다. 또한 예정된 경로에 사고나 정체 등이 발생하여 이상 상황이 발생하면 당초 산출된 경로가 아니라 대안 경로들을 산출하며, 각 경로들에 대한 대안 시뮬레이션을 통하여 운전자가 어떤 경로로 가면 좋

**그림 11-4. 자동차 운전용 내비게이션 시스템과 시뮬레이션**

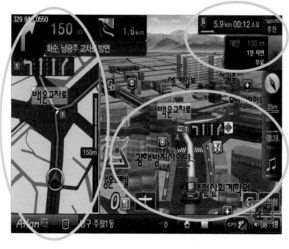

선행/실시간
시뮬레이션

대안 경로 산출,
시뮬레이션

위치 인식,
최적 경로 산출

을지 의사결정할 수 있도록 계속 도와줍니다. 이렇게 시뮬레이션은 데이터와 정보통신, 최적화 기술들을 융합하여 우리 생활과 사회에 필요한 여러 가지 시스템과 서비스를 실현하기 위해 다양하게 활용되고 있습니다.

시뮬레이션 기술은 보다 복잡하고 거대한 대상에 대해 보다 현실성 있고 실제에 가깝게, 보다 빠르고 정확하게, 보다 실감 나게 결과를 보여주는 방향으로 발전하고 있으며, 편리하게 최적의 의사결정을 내릴 수 있도록 도움으로써 새롭고 유용한 서비스를 실현하는 데 매우 중요한 역할을 할 것입니다. 따라서 산업공학과 시뮬레이션 지식을 겸비한 산업공학도는 제조, 물류, 유통, 건축, 금융, IT, 서비스 등 다양한 산업에서 핵심적인 고급 전문 인력으로 일하게 될 것이며, 컨설팅 등의 분야에서도 각광받을 것입니다.

MEMO

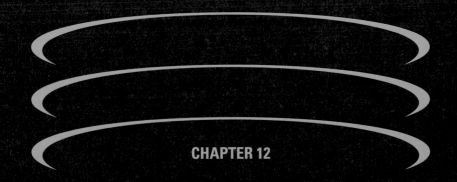

CHAPTER 12

# 인간공학
## 뭣이 중헌디?
## 사람이 젤~이지!

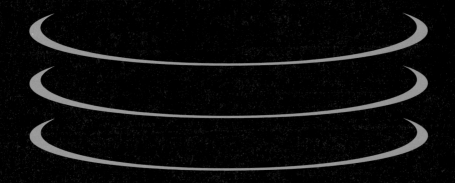

**박희석**
홍익대학교 산업 · 데이터공학과 교수

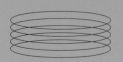

## 교실에서 앉는 의자가
## 높낮이 조절이 되지 않아
## 불편했지요?

하지만 아빠는 운전하실 때 시트의 위치를 아빠한테 맞게 맞추시죠. 이렇게 내 몸의 크기에 맞도록 조절 가능한 물건을 만드는 것이 인간공학의 가장 기본적인 개념입니다. 그리고 윈도우 화면에 있는 여러 아이콘, 예를 들어 메모장 아이콘을 보면 어떤 기능을 하는 것인지 금방 알 수 있지요? 이는 현실의 메모장에 대한 나의 경험을 디자인과 결부시켰기 때문입니다. 인간공학은 사람의 육체적 · 정신적 특성을 물건이나 환경의 디자인에 고려하는 학문으로서, 우리가 사용하는 물건들이 갈수록 복잡해지는 상황에서 더욱 그 활용도가 높아지고 있답니다.

# 인간공학이란?

인간공학은 우리 주위에 있는 여러 물건을 사용할 때, 편리하고 안전하며 만족감을 느낄 수 있도록 물건을 만드는 데 필요한 기술입니다. 또는 작업장에서 일할 때, 힘이 덜 들고 안전하도록 작업환경과 기계, 도구를 만드는 데 활용돼요. 이를 위해서 사람의 몸과 마음에 어떤 특성이 있는지를 공부하며 그 지식을 활용하여, 물건을 사용하거나 작업장에서 일할 때 편리하고 안전하게 하는 데 기여합니다.

종종 인체공학이라고 부르기도 하나 정식 명칭은 인간공학이며, 영어로는 'ergonomics' 또는 'human factors'라고 합니다. 'ergonomics'라는 명칭은 그리스어 ergon(작업, 일), nomos(법칙), ics(학문을 뜻하는 접미어)가 합성된 것이에요.


## 인간공학의 필요성

물건과 작업환경을 설계할 때 사용자를 염두에 두지 않으면 사용할 때 실수를 할 수 있고, 이로 인하여 심각한 인적·경제적 피해가 발생할 수 있습니다. 또한 잘못 만들어진 물건과 작업환경을 사후에 바로잡으려면 많은 시간과 비용이 들고, 심지어는 아예 불가능할 수도 있습니다. 이런 현상을 예방하는 가장 좋은 방법은 물건, 기계, 작업환경을 설계하는 단계에서부터 사용자의 심리와 행동방식을 예측하여 그에 맞게 만드는 것입니다.

# 인간공학의 역사적 배경

물건이나 작업을 설계할 때 사용자의 특성을 고려해야 한다고 인식되기 시작한 것은 제2차 세계대전부터입니다. 제2차 세계대전에서는 비행기, 레이더, 수중탐지기 등 복잡하고 어려운 장비들이 사용되었는데, 이런 장비들을 사용하는 과정에서 예기치 못했던 사고들이 많이 발생했지요. 예를 들어 비행기가 착륙 후에 활주로에 주저앉는 사고가 종종 일어나곤 했습니다. 왜 그런가 살펴보니, 비행기 보조날개를 조종하는 레버와 바퀴를 조종하는 레버가 똑같이 생겼고, 심지어 서로 옆에 위치하고 있어서 비행기 착륙 후에 보조날개를 접는다는 것이 바퀴를 접어버려 이러한 사고가 발생한 것입니다.

이 문제는 비행기 바퀴 조종간의 손잡이는 원형으로(그림 12-1), 보조날개 조종간의 손잡이는 사각형으로(그림 12-2) 만들어서 서로 혼동하지 않도록 개선하여 해결되었답니다. 이것을 계기로 비행기를 포함한 여러 무기의 설계에 있어서 인간의 특성을 고려하는 개념(fitting the machine to the human)이 생겼고, 이것이

**그림 12-1. 원형으로 개선된 바퀴 조종간의 손잡이**

**그림 12-2. 사각형으로 개선된 보조날개 조종간의 손잡이**

인간공학이 발전하는 계기가 되었습니다.

제2차 세계대전이 끝난 이후에 인간공학은 유럽 국가들과 미국을 중심으로 다양한 산업에서 발전해 나갔습니다. 그러다가 1980년대부터 컴퓨터가 널리 보급되면서 인간공학적 관심이 컴퓨터의 설계로 이동하였고, 사용자 중심적인 하드웨어와 소프트웨어의 개발에 인간공학의 적용이 활발해졌습니다.

## 인간공학의 응용 사례

인간공학은 다양한 소비자 제품과 작업장에서 활발하게 적용되고 있으며, 인간공학을 통하여 소비자와 작업자의 만족도가 높아지고 있습니다.

그림 12-3에 나와 있는 마우스를 사용하면 손목과 손가락의 자연스러운 자세를 취할 수 있어서 장시간 마우스 작업을 하더라도 손목과 손가락에 통증이 줄어들게 됩니다. 그리고 그림 12-4와 같은 보조구를 사용하면 연필로 글씨를 쓸 때 손가락에 힘을 적게 들일 수 있습니다. 또한 그림 12-5와 같이 부엌을 설계

**그림 12-3. 손가락과 손목이 편안한 마우스**

**그림 12-4. 글쓰기를 편하게 해주는 보조구**

그림 12-5. 장애인도 불편함이 없는 부엌

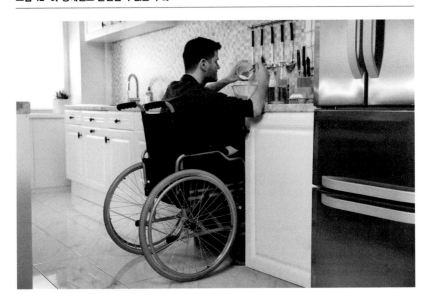

그림 12-6. 신체의 부담을 줄여주는 엑소스켈레톤(exoskeleton)

한다면 장애인의 부엌 접근성이 좋아집니다. 최근에는 그림 12-6에서 볼 수 있듯이 로봇 기술과 융합하여 산업현장에서 무거운 물건을 취급할 때, 인체에 부여되는 부담을 획기적으로 줄일 수 있는 장치가 개발되고 있습니다. 이와 같이 인간공학은 다양한 분야에 적용되어 우리를 편안하고 안전하게 하는 데 크게 기여합니다.

## 미래 사회와 인간공학

인간공학은 기계나 도구, 작업장 등 하드웨어의 설계에 주로 응용되어 왔으며, 최근 들어서는 컴퓨터나 휴대폰의 화면, 즉 사용자 인터페이스(user interface)의 디자인에도 활발히 적용되고 있어요. 앞으로 물건이나 소프트웨어가 복잡해질수록 사용하기에 편리해야 하므로 인간공학이 더욱 활발하게 응용될 것이랍니다.

## 인간공학을 공부하려면?

대학에 진학하면 산업공학과, 안전공학과, 산업디자인학과, 보건 관련 학과 등 다양한 전공에서 인간공학을 배울 수 있습니다. 인간공학은 여러 학문이 융합된 학문으로서 공학, 심리학, 통계학, 인체해부학, 컴퓨터공학 등 여러 분야에 대한 지식이 있어야 합니다. 또한 다양한 경험을 통해 사람에 대한 관심을 갖도록 노력해야 합니다. 특히 일상생활과 밀접한 내용을 연구하기 때문에 주변의 사소한 것에도 신경을 쓰는 자세가 필요해요.

# 인간공학을 전공한 사람의 직업은?

인간공학을 공부하면 다양한 분야로 진출할 수 있습니다. 일일이 다 열거할 수는 없지만, 크게는 제품과 사용법을 개선하여 편리성을 높이며 고객의 만족도를 향상시키는 역할과, 산업현장에서 안전한 작업방법과 환경을 구축하는 데 기여하는 역할로 구분할 수 있어요. 예를 들어 그림 12-7과 같이 스마트폰의 메뉴와 화면을 직관적으로, 혼돈이 없게 만드는 데 인간공학적 기법이 적용됩니다. 그리고 허리에 부담이 가지 않도록 안전하게 물건을 드는 방법(그림 12-8)도 인간공학적 연구의 결과이고, 안락한 자동차 시트를 만드는 데(그림 12-9)에도 인간공학이 매우 중요한 역할을 합니다. 결론적으로 인간공학은 어느 분야에서든지 사용자가 겪고 있는 불편한 점을 파악하고 해결 방안을 제공함으로써 보다 편리하고 안전한 사회를 만드는 데 기여합니다.

**그림 12-7. 인간공학을 응용한 스마트폰 메뉴와 화면**

그림 12-8. 안전하게 물건을 드는 방법

그림 12-9. 안락한 자동차 시트 설계

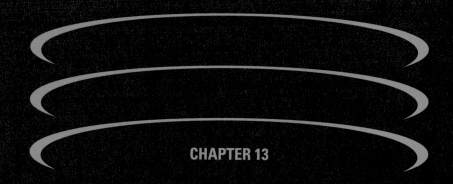

CHAPTER 13

# 정보경영

## 정보기술을 활용한
## 디지털 트랜스포메이션

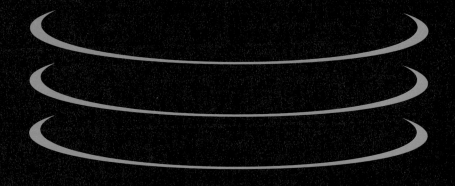

**정재윤**
경희대학교 산업경영공학과 교수

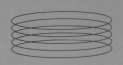

정보경영은
정보기술을 기업운영에 적극적으로 활용하여
조직의 성과를 극대화하는 활동입니다.

정보경영은 기업운영에 필요한 정보와 데이터를 적재적소로 전달하므로 우리 신체의 동맥과 같은
역할을 수행합니다. 디지털 트랜스포메이션이란 기업이 디지털 기술을 활용하여 제품이나 서비스,
프로세스를 근본적으로 변화시키는 것을 말합니다. 기업은 사물인터넷(IoT), 클라우드, 가상물리
시스템(CPS), 빅데이터, 인공지능(AI) 등의 스마트 기술을 사용할 수 있습니다. 최근에는 인공지능
이 핵심 원동력이 되어 제품이나 서비스, 프로세스를 혁신하는 AI 트랜스포메이션으로 확장되고 있
습니다.

# 농업혁명, 산업혁명, 정보혁명

인간의 역사를 한번 돌아볼까요? 호모 사피엔스라고 불리는 현생인류는 약 20만 년 전에 지구에 등장하였습니다. 자연에 의존하여 수렵과 채집으로 살아가던 현생인류는 약 1만 년 전인 신석기 시대에 농경생활을 시작하였습니다. 이를 농업혁명이라고 부르는데, 농업혁명은 인간이 처음으로 생산활동을 시작한 시기입니다. 그리고 농업혁명으로 식량이 증가함에 따라 농기구, 관개 시설 등 여러 기술이 발전하게 됩니다.

18세기 후반 영국에서는 증기기관을 중심으로 산업혁명이 촉발되었습니다. 이때가 자연과 가축에 의존하던 생산활동이 드디어 인간이 발명한 동력으로 전환된 시기입니다. 산업혁명으로 수공업에서 기계를 사용하는 대량생산 체제로 전환되었고, 본격적인 산업이 발전하는 계기가 되었습니다.

20세기 후반에는 컴퓨터와 인터넷을 중심으로 한 정보혁명이 일어나면서 전 세계가 하나로 연결되었습니다. 인터넷 중심의 디지털화는 모바일 환경으로 확장되었고, 이는 제조업과 서비스 산업뿐만 아니라 문화 콘텐츠 산업으로 확산되어 물리적 자원보다 지식과 정보가 경제적 가치를 창출하는 주 원천이 되었습니다.

농업혁명, 산업혁명, 정보혁명이라는 세 가지 변화는 인류 역사의 중요한 전환점이었고, 경제적 · 사회적 · 기술적 변화를 주도하여 현대 사회의 모습을 형성하는 데 큰 영향을 주었습니다.

# 4차 산업혁명의 등장

최근에는 4차 산업혁명이 화두입니다. 새로운 정보기술을 도입하여 모든 산업들이 급속히 혁신되고 있다는 의미인데요. 지난 세 차례의 산업혁명부터 한 번 살펴봅시다. 1차 산업혁명은 앞서 설명한 영국에서 시작된 최초의 산업혁명이며, 증기기관을 중심으로 인간 스스로 에너지를 창출한 혁신입니다. 2차 산업혁명은 전기의 발명으로, 이를 통해 가정이나 상점, 소규모 사업장까지 언제 어디서든 에너지를 손쉽게 공급받을 수 있게 되었습니다. 3차 산업혁명은 기계를 중심으로 한 자동화의 등장입니다. 이로써 기계와 자동화 기술로 대량생산이 강화되었고, 물질적으로 풍요로운 시대를 맞이하였습니다. 이제 4차 산업혁명 시대에는 첨단 정보기술인 스마트 기술이 도입되어 산업이 연결화, 지능화, 자율화되고 있습니다. 사물인터넷(IoT), 클라우드, 가상물리시스템(CPS), 빅데이터, 인공지능(AI) 등의 정보기술은 제조업과 서비스업은 물론이고, 농축산업과 어업에서부터 의료, 교육, 문화 산업까지 모든 산업을 혁신하고 있습니다.

표 13-1. 단계별 산업혁명과 기술 원천

| 산업혁명 | 기술 원천 | 주요 영향 |
|---|---|---|
| 1차 산업혁명 | 증기기관 | 에너지 생산, 기계화 |
| 2차 산업혁명 | 전기 에너지 | 에너지 전송, 대량생산 |
| 3차 산업혁명 | 자동화 기계 | 생산 자동화, 전산화 |
| 4차 산업혁명 | 스마트 기술 | 연결화, 지능화, 자율화 |

# 데이터 - 정보 - 지식 - 지혜

정보기술이 4차 산업혁명을 주도하고 있는데요. 그럼 정보란 무엇일까요? DIKW 모형을 사용하여 정보의 개념과 활용을 살펴보겠습니다. DIKW 피라미드에서 가장 기초가 되는 데이터(Data)는 숫자나 문자로 기록된 정리되지 않은 디지털 자료를 의미합니다. 정보(Information)는 사용자에게 유용하도록 여러 가지 목적으로 데이터를 연결하고 가공한 결과를 의미합니다. 정보를 분석하면 원인과 결과를 판단하고 미래를 예측할 수 있는 지식(Knowledge)을 추출할 수 있고, 지식이 축적되면 의사결정을 지원하는 행동 가능한 지혜(Wisdom)로 발전합니다.

그림 13-1은 DIKW 피라미드에서 주가의 예를 보여줍니다. 주식 종목의 날짜별 시가, 종가, 최저가, 최고가, 거래량 등은 데이터이고, 이를 주가의 평균값이나 증감량으로 정리하면 정보가 됩니다. 나아가 주가의 상승 원인을 분석하고 내일의 주가를 예측하기 위하여 지식을 활용할 수 있습니다. 지식을 반복하여 적용하면 투자 결정 방법과 같은 지혜가 쌓입니다. 이처럼 데이터로부터 정보를

**그림 13-1. DIKW 피라미드: 데이터, 정보, 지식, 지혜**

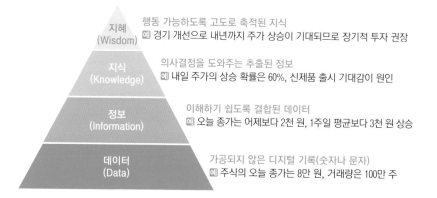

추출하고, 정보를 지식과 지혜로 발전시켜서 경영의 의사결정을 지원하는 것이 정보경영의 목표입니다.


# 정보기술과 정보경영

정보기술(information technology)은 정보를 생성, 저장, 공유, 분석하는 과정에서 사용되는 총체적 기법이나 장치를 의미합니다. 그러므로 정보기술은 ① 센서, 모바일폰, PC, 서버와 같이 정보를 생성하고 계산하는 하드웨어, ② 정보를 저장하고 분석하는 소프트웨어, ③ 정보를 전송하고 공유하는 유무선 통신망, ④ 자료구조, 알고리즘, 머신러닝, 인공지능 등의 정보이론까지 모두 포함합니다.

정보경영(information management)이란 기업운영에 정보기술을 적극적으로 활용하여 조직의 성과를 극대화하는 체계적 방법이나 활동, 학문 분야입니다. 그러므로 정보경영은 기업에서 필요로 하는 정보와 데이터를 적재적소로 전달한다는 점에서 우리 신체의 동맥과 같은 역할을 합니다. 정보경영을 잘 적용하면 최신 컴퓨팅 기술과 정보이론을 활용하여 산업현장을 빠르고 효율적으로 운영할 수 있습니다. 정보경영은 경영관리 기법과 함께 수학과 컴퓨터를 적극적으로 이용하기 때문에 산업공학 전공자들이 소질을 잘 발휘할 수 있는 분야이기도 합니다.


# 경영정보시스템(MIS)

전통적인 정보경영은 경영정보시스템(MIS)을 사용하여 구현됩니다. 경영정보시스템은 통신망을 이용하여 기업 내외의 정보를 빠르고 정확하게 전달하여,

신속하고 효율적인 기업활동을 지원합니다.

　기업 내의 사용자를 실무 담당자, 운영 관리자, 전술적 관리자, 전략적 관리자로 나눌 수 있고, 사용자에 따라서 경영정보시스템을 거래처리시스템(TPS), (협의의) 경영정보시스템(MIS), 의사결정지원시스템(DSS), 중역정보시스템(EIS)으로 세분화할 수 있습니다.

　먼저, 거래처리시스템(TPS)은 실무자들이 일상적인 업무를 처리하고 기록하는 시스템입니다. 주문 처리, 재고 관리, 물품 배송과 같이 일상적 업무를 수행하는 데 필요한 입출력 화면을 제공합니다. 다음으로 좁은 의미의 경영정보시스템(MIS)은 운영 관리자가 업무의 효율성과 생산성을 개선하기 위한 운영관리를 지원합니다. 즉, 업무 프로세스를 모니터링하고 관리하는 데 필요한 정기적 보고서, 일정 계획, 성과 점검 등의 기능을 제공합니다. 의사결정지원시스템(DSS)은 전술적 관리자의 의사결정 과정을 지원하기 위해 설계됩니다. 재무적·비재무적 성과 데이터의 분석 및 시뮬레이션 기능을 제공하여 시나리오별 최적 대안을 결정하는 것을 돕습니다. 마지막으로 중역정보시스템(EIS)은 기업의 최고 경영진을 위한 시스템입니다. 기업 전체의 전략적 실행을 관리하도록

**그림 13-2. 경영정보시스템의 구분 및 기능**

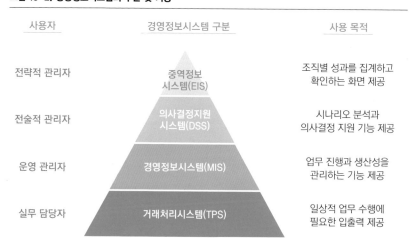

| 사용자 | 경영정보시스템 구분 | 사용 목적 |
| --- | --- | --- |
| 전략적 관리자 | 중역정보<br>시스템(EIS) | 조직별 성과를 집계하고<br>확인하는 화면 제공 |
| 전술적 관리자 | 의사결정지원<br>시스템(DSS) | 시나리오 분석과<br>의사결정 지원 기능 제공 |
| 운영 관리자 | 경영정보시스템(MIS) | 업무 진행과 생산성을<br>관리하는 기능 제공 |
| 실무 담당자 | 거래처리시스템(TPS) | 일상적 업무 수행에<br>필요한 입출력 제공 |

조직과 사업별로 성과를 요약하고, 현재 및 과거의 성과를 추적하고 비교하는 화면을 제공합니다. 네 가지 유형의 경영정보시스템은 사용자별로 맞춤형 정보를 제공하여 기업의 신속하고 효율적인 운영과 관리를 지원합니다.

## 데이터 기반의 성과관리

기업은 유기적으로 변화하는 조직입니다. 시장 상황에 따라 사업 실적이 호전될 수도, 악화될 수도 있습니다. 그러므로 기업을 항상 효과적으로 관리하기 위해서는 체계적인 성과관리가 필요합니다. 이를 위해 피터 드러커의 목표관리(MBO), 캐플란과 노튼의 균형성과표(BSC), 존 도어의 목표 및 핵심 결과(OKR) 등 여러 가지 성과관리체계가 등장하였습니다. 이 기법들은 모두 경영관리 사이클인 '계획(plan) – 실행(do) – 관찰(see)' 과정 중에서 데이터 기반의 관찰이 중요함을 강조합니다. 예를 들어 현대경영의 아버지라고 불리는 피터 드러커는 "측정할 수 없으면 관리할 수 없고, 관리할 수 없으면 개선할 수 없다"는 명언을 남겼습니다. 기업이 발전하기 위해서는 객관적 사실에 근거한 데이터 기반의 관

**그림 13-3. 경영관리 사이클**

리가 필요하다는 말입니다.

경영성과를 관리하기 위한, 측정 가능한 정량적 수치를 KPI(핵심성과지표)라고 부릅니다. KPI의 예를 들어볼까요? 산공전자에서는 스마트 워치의 주요성공요인(CSF)으로 수익성과 고객만족도를 지정하였다고 가정합시다. 수익성에 관한 성공 여부는 매출 증가율, 제품 순수익, 제품투자회수율(ROI)과 같은 KPI로 측정하여 평가할 수 있습니다. 또한 고객만족도는 고객설문조사 평점, 제품리뷰 평점, 재구매율 등의 KPI로 평가할 수 있습니다. KPI는 주별, 월별, 분기별 데이터로 수집하여 경영실적을 객관적으로 평가하는 데 사용할 수 있습니다. 또한 KPI 데이터는 기업의 운영과 활동을 평가하는 사실적이고 객관적인 기준을 제공하며, 경영정보시스템은 성과 관련 데이터를 체계적으로 수집하여 수준별 관리자에게 적시에 제공할 수 있어야 합니다.

# BI 시스템과 BA 시스템

2002년 가트너는 실시간 기업(RTE)이라는 개념을 제시하였습니다. 이는 기업은 경영 데이터를 연계하고 관리자에게 즉각적으로 제공하여, 변화하는 경영환경에 신속하게 대응할 수 있어야 한다는 정보경영의 철학입니다. 이를 구현한 시스템 중의 하나가 BI(Business Intelligence) 시스템입니다. BI 시스템은 거래처리시스템(TPS)에서 처리된 데이터를 ETL(추출 - 변환 - 적재) 과정으로 분석용 데이터베이스에 차곡차곡 저장하는 데이터 웨어하우스(DW)를 사용합니다. 그리고 OLAP(온라인 분석 처리)이라고 부르는 데이터 분석 도구를 사용하여 데이터 웨어하우스에서 관리자가 원하는 기준에 따라 KPI를 확인하고 가시화할 수 있는 대시보드(계기판)로 구성합니다. 예를 들어 산공전자가 생산하는 여러 가지 제품들의 판매량, 매출액, 시장점유율, 고객평점 등을 시기별(일, 주, 월, 분기,

년), 지역별(도시, 국가, 대륙)로 손쉽게 집계하여 추이를 분석하고 경쟁사와 비교할 수 있는 화면을 제공합니다. BI 시스템은 데이터 기반의 성과관리를 위한 핵심 기능을 제공합니다.

이후 BI 시스템은 통계, 데이터 마이닝, 머신러닝과 결합하여 BA(Business Analyst) 시스템으로 발전하였습니다. BA 시스템은 조직의 성과를 단순히 확인하고 비교하는 데에서 나아가, 성과를 예측하고 원인을 진단하여 개선 방안을 찾아내 궁극적으로 조직의 성과 개선을 지원합니다. 최근에는 콜센터나 이메일, 챗봇을 통하여 접수된 고객의 의견(VoC)을 빠르게 분석하거나, 웹 크롤링이나 SNS로부터 제품의 온라인 의견을 평가하는 텍스트 마이닝, 오피니언 마이닝, 딥러닝 기법도 활발히 적용되고 있습니다.

# 치프 혁명: 정보기술의 확산

"치프 혁명(Cheap Revolution)으로 IT 비용이 하락하여 세상에 필요한 모든 IT 기능을 '누구나', '비용 걱정 없이' 손에 넣을 수 있을 것이다." (Rich Karlgaard, 2003)

《포브스(Forbes)》 발행인 리치 칼가아드(Rich Karlgaard)는 네 가지 측면에서 비용이 하락하여 정보기술이 빠르게 확산할 것이라고 예언하였습니다. 먼저, 하드웨어의 가격 하락입니다. 인텔 공동창립자인 고든 무어는 반도체 칩의 집적도가 2년에 2배씩 향상된다고 하였고(무어의 법칙), 인텔은 이를 실현하였습니다. 삼성전자 황창규 사장은 메모리 반도체의 집적도가 1년에 2배씩 향상된다는 '황(Hwang)의 법칙'을 발표하고, 메모리 반도체 1위인 삼성전자는 이를 실행에 옮겼습니다. 이후 엔비디아 CEO 젠슨 황은 GPU 등 AI를 구동하는 반도체 성능이 2년에 2배씩 향상된다는 또 다른 '황(Huang)의 법칙'을 엔비디아를 통하여 실현하고 있습니다. 이와 같은 하드웨어의 빠른 성능 향상은 하드웨어의 가격 하락을 주도하였고, 빅데이터를 저장하고 처리하는 하드웨어의 비용을 감소시켰습니다.

두 번째는 오픈소스 소프트웨어의 확산입니다. 대표적인 오픈소스 소프트웨어로 리눅스(OS), 안드로이드(모바일 OS), MySQL과 PostgreSQL(데이터베이스), R과 Python(통계용 프로그래밍 언어), 텐서플로우와 파이토치(AI 라이브러리) 등이 있습니다. 이들은 무료로 배포될 뿐만 아니라 소스코드까지 공개되어 전문가들에 의해 자발적으로 개발되어 확장되고 있습니다. 이들은 유료 소프트웨어 못지않은 성능을 제공하기 때문에 소프트웨어의 가격 하락을 주도하고 있습니다.

세 번째로 통신비용의 하락입니다. 요즘은 카페나 기차, 버스 정류장 등에서 WiFi가 무료로 제공되고 있습니다. 모바일 통신도 3G, 4G, 5G, 앞으로 6G로 발전하면서 과거와는 비교할 수 없을 만큼 빠른 속도를 제공합니다. 그뿐 아니라 Bluetooth, RFID, NFC 등 근거리 통신기술도 발전하여 이제 쉽고 빠르게 글과 영상을 사람들과 공유할 수 있고, 기기들 간에 데이터를 교환할 수 있습니다.

마지막으로 다양한 인터넷 서비스들이 무료로 제공되고 있습니다. 구글이나 네이버(검색 서비스), 구글맵이나 카카오맵(지도 서비스), 페이스북이나 인스타그램(SNS), GitHub와 Kaggle(개발자 서비스) 등 수많은 인터넷 무료 서비스가 있습니다. 이러한 인터넷 서비스들은 사용자들의 각종 데이터를 수집하고 공유하고 있으며, 네트워크 외부효과로 인하여 점점 더 성장하고 많은 지식이 축적되고 있습니다.

**표 13-2. 치프 혁명: 정보기술 비용의 하락**

| 정보기술 | 비용 하락 | 예시 |
|---|---|---|
| 하드웨어 | 지속적인 하드웨어 가격 하락 | 무어의 법칙, 황의 법칙 등 |
| 소프트웨어 | 오픈소스 소프트웨어 확산 | 리눅스, 안드로이드, MySQL, R, 텐서플로우 등 |
| 네트워크 | 유무선 통신비용 하락 | WiFi, 3G/4G/5G/6G, Bluetooth 등 |
| 인터넷 서비스 | 고성능 무료 서비스 활성화 | 구글 · 네이버(검색), 구글맵 · 카카오맵(지도), 페이스북 · 인스타그램(SNS) 등 |

# 편리해진 정보 서비스

여행 추천 앱 서비스를 예로 들어봅시다. 여행자들은 관광지에서 스마트폰으로 사진을 찍고 소감을 작성하여 GPS 위치 정보와 함께 여행 추천 앱에 공유합니다. (이는 저렴한 통신비용과 고성능 스마트폰, 무료 여행 추천 앱 덕분이지요.) 여행 추천 앱 회사는 저렴한 서버에서 방대한 이미지와 텍스트를 저장하고 분석하여 근처에 있는 여행자들에게 추천 결과를 빠르게 제공합니다. (이는 리눅스 무료 OS에서 Python 기반 파이토치 무료 라이브러리를 이용하여 구축된 병렬 서버에서 빠르게 분석한 결과이지요.) 여행 추천 앱은 사용자 성향과 위치에 기반한 맞춤형 광고를 제공하는 비즈니스 모델로 식당이나 호텔, 박물관 등으로부터 수입을 창출합니다.

금융 서비스는 어떨까요? 네오뱅크라고도 부르는 인터넷 전문은행들이 등장하였습니다. 국내에는 케이뱅크, 카카오뱅크, 토스뱅크가 차례로 허가를 받았고요. 이들은 전통적인 은행과는 달리 오프라인 지점 없이 인터넷과 모바일 서비스만 제공합니다. 온라인 결제나 소액 송금뿐만 아니라, 은행계좌와 투자상품을 비대면으로 제공하여 핀테크를 가속화하고 있습니다.

한편 유통물류 산업에서는 쿠팡과 이마트 등 모바일 앱으로 상품을 주문하면 신속하게 포장 및 배송이 되어 집 앞까지 배달되는데, 이는 모두 정보기술의 적용 결과입니다. 이들은 온라인을 통한 빠른 주문, 사전 예측된 물품 저장, 자동화된 물류창고, 최적화된 운송정책까지 정보기술을 효과적으로 활용하고 있습니다.

치프 혁명으로 빅데이터가 축적되고 분석되어 새로운 비즈니스와 서비스가 창출되고 있으며, 전통 산업들도 디지털로 혁신되어 우리 생활을 풍요롭고 편리하게 합니다.

# 메타버스와 디지털 트윈

정보경영의 미래를 살펴볼까요? 우리가 사는 실제 세상은 메타버스 (metaverse)라고도 불리는 가상세계와 연계할 수 있습니다. 메타버스와 가상환경은 코로나19로 인해 발전이 가속화되어, 당시 대학의 신입생 환영회나 축제, 기업의 신입사원 교육은 메타버스로 구현하여 진행되었습니다. 메타버스는 시간과 공간에 구애받지 않고, 가상환경에서 친구들과 함께 신나는 온라인 행사나 모임에 참석할 수 있습니다. 최근에는 해부학 실습이나 유적지 탐방, 건축 설계 등을 가상환경으로 구축하여 메타버스에서 교과목 실습을 진행하기도 합니다. 현실보다 안전하고 저렴하며 유연하게 디지털 경험을 선사하는 것입니다.

한편 산업현장에서도 메타버스 구축에 한창입니다. 독일 BMW는 엔비디아의 옴니버스 플랫폼으로 자동차 공장의 메타버스를 구축하고 있고, 한국 현대자동차는 유니티와 함께 싱가포르 공장의 메타버스를 구현하고 있습니다. 메타버스 가상공장은 메타팩토리라고도 부르는데, 이는 실제 공장과 동일하게 동작하는 디지털 트윈(digital twin)을 메타버스에 구축하는 것입니다.

디지털 트윈은 현실의 시스템을 가상 환경으로 구현한 디지털 모델을 의미합니다. 스마트 팩토리에서는 설비, 생산라인, 공장 등의 구성요소들을 디지털

**그림 13-4. 메타버스에서 열리는 대학축제**

출처: https://www.newscj.com/news/articleView.html?idxno=918266

**그림 13-5. 메타버스에 구축된 자동차 공장**

출처: https://blogs.nvidia.com/blog/nvidia-bmw-factory-future

트윈으로 구축하고 있습니다. 디지털 트윈에는 생산현장을 모니터링할 수 있는 디지털 모델뿐만 아니라, 가상 실험을 위한 시뮬레이션 모형, 빅데이터를 이용한 예측 모델, 의사결정을 위한 수리 최적화 모델도 탑재됩니다. 디지털 트윈의 분석 결과는 가상현실(VR) 장비를 이용하여 원격에서도 현장 상황을 모니터링하고, 가상 실험하고, 예측하고, 최적화하여 효과적인 운영을 도와줍니다. 나아가 담당자들이 현장에서 설비와 라인에 대한 상태와 분석 결과를 확인하여 즉시 반영할 수 있도록 스마트 글라스를 이용한 증강현실(AR)을 제공하기도 합니다.

# 디지털 트랜스포메이션과 AI 트랜스포메이션

트랜스포메이션(transformation)은 변형, 변화, 전환을 의미합니다. 디지털 트랜스포메이션(digital transformation)이란 기업이 디지털 기술을 활용하여 제품이나 서비스, 프로세스를 근본적으로 변화시키는 것을 의미합니다. 기업은 사물인터넷(IoT), 클라우드, VR/AR, 빅데이터, 인공지능(AI) 등 다양한 디지털 기술을 활용하여 업무 프로세스를 개선하고 혁신을 촉진하며 고객 경험을 향상시킬 수 있습니다. 이는 정보경영이 나아가야 할 방향이지요.

최근에는 디지털 트랜스포메이션에서 발전하여 AI 트랜스포메이션이 대두되었습니다. 특히 생성형 AI와 함께 급속도로 발전한 AI는 디지털 트랜스포메이션의 핵심 동력으로 인식되고 있는데요. AI 트랜스포메이션은 기업의 제품이나 서비스, 또는 핵심 활동에 AI 기술을 적용하여 근본적으로 변화시키는 디지털 트랜스포메이션의 한 가지 형태입니다. 2024년 CES(IT 전자제품 전시회)에서는 AI 챗봇과 대화하면서 운전하는 자동차는 물론이고, 다양한 제품과 서비스에 적용된 AI 트랜스포메이션이 소개되었습니다. 미국 유통업체 월마트는 AI와 AR을 결합하여 현장에서 쇼핑 아이템을 추천하고 가상으로 보여주는 기술을 선보였습니다. 예를 들어 '축구 관람'에 필요한 상품을 요청하면 감자칩, 치킨, 음료, 대형 TV를 AI가 추천해 주는 것입니다. 프랑스 화장품업체 로레알은 AI가 고객의 피부를 분석하여 관리 방법을 알려주고 적합한 제품을 추천하는 '뷰티 지니어스' 앱을 발표하기도 하였습니다.

　디지털 트랜스포메이션은 단순히 새로운 정보기술을 도입하는 것만으로는 효과를 거두기 힘듭니다. 직원들이 변화를 수용하기 힘들거나 기존 방식에 익숙해져서 새로운 도구나 프로세스에 저항이 있을 수 있습니다. 신기술의 필요성과 효과에 대한 인식이 낮을 수도 있고, 경험 부족으로 도입 과정에서 시행착오를 겪는 경우도 많습니다. 그러므로 디지털 트랜스포메이션을 성공하기 위해서는 직원들을 이해하고, 어려움을 해소시키는 적절한 교육과 훈련을 소통과 함께 제공하면서, 체계적이고 단계적으로 진행해야 합니다. 혁신적인 기술의 도입으로 조직이 함께 성장하고 고객 가치를 향상하는 청사진을 제시하는 것이 필요합니다. 산업공학도로서 조직의 혁신을 주도하고 변화하는 미래를 선도하는 역량을 배양하기를 기대합니다.

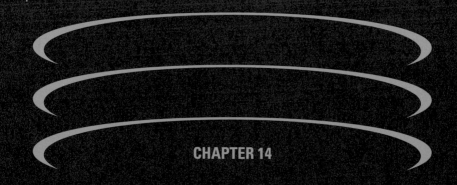

## CHAPTER 14

# 품질공학

## 고객의 만족을 넘어
## 감동을 추구하는 학문

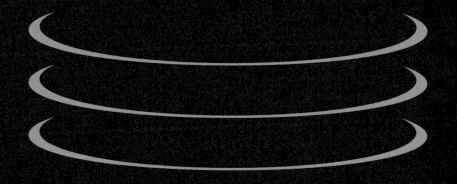

**유재홍**
인천대학교 산업경영공학과 교수

**김성범**
고려대학교 산업경영공학부 교수

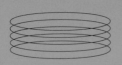

품질의 중요성이
지금처럼 강조되었던 시기는
없었던 것 같습니다.

클릭 하나로 온갖 제품의 분석 자료와 제품 사용 후기를 받아볼 수 있게 되었기 때문입니다. 좋은 품질의 척도는 이제 제품 중심이 아니라 고객 중심으로 바뀌었습니다. 인류가 생산활동을 계속하는 한 품질의 중요성은 지속적으로 확대될 것입니다. 산업공학에서 이미 고전의 반열에 오른 품질공학은 이제 전통적인 통계기법을 넘어 4차 산업혁명의 핵심 분야로 발돋움할 것입니다.
품질을 과학적으로 연구하는 학문, 품질공학! 궁금하지 않으신가요?

# 품질이란?

전기차의 판매량은 날이 갈수록 증가하고 있지만, 이와 더불어 전기차 충전 중 화재 사고 역시 지속적으로 보고되고 있으며, 이에 따라 전기차는 위험하다는 불안이 야기되고 있습니다. 자동차와 관련된 사고는 생명과 직결되기 때문에 자동차 회사는 약간의 문제가 발생할 여지가 있으면 자발적 리콜을 수행하고 문제의 원인을 철저하게 분석합니다. 전기차 화재 사고의 주요 원인 중 하나로는 제조 과정에서의 결함이 꼽히고 있으며, 이는 배터리에 이물질이 들어가거나 안전 시스템 오류 등의 품질 문제로 인해 발생합니다. 많은 국가들은 제조 과정에서의 결함으로 인한 안전 문제가 발생한 경우에 제조사가 이에 대한 전적인 책임을 진다는 제조물책임을 법제화하고 있습니다. "품질은 곧 안전입니다!"

매년 여러 기관에서 전 세계 글로벌 기업의 브랜드 가치를 평가해 순위를 발표합니다. 최근 발표에는 아마존, 애플, 구글, 마이크로소프트, 월마트, 삼성, 테슬라 등이 상위에 랭크되었습니다. 이들은 오늘날 글로벌 시장을 이끄는 최고의

**그림 14-1. 전기차 충전 중 화재 사고**

출처: https://mapp.nocutnews.co.kr/news/5924997

출처: https://m.imaeil.com/page/view/2023052416474523573

기업이라는 데 이견이 없으며, 공통적으로 품질을 최우선으로 강조하고 있다는 특징이 있습니다. 삼성의 경우 1993년 신경영 선언을 하면서 품질을 가장 중요한 표어로 내세웠고, 이는 삼성이 세계 일류 기업으로 도약하는 데 가장 중요한 분수령이었다고 평가받고 있습니다. "품질은 곧 브랜드입니다!"

현대중공업은 2016년 품질관리 실패를 통해 6천여억 원의 손실이 발생했다고 발표하였습니다. 품질 부서의 분석에 따르면 공정 지연과 고객의 불만을 처리하기 위한 비용이 손실의 대부분을 차지했다고 합니다. 이외에도 불량품 폐기 및 처리 비용, 생산 중단으로 인한 비용, 납기 지연으로 인한 위약금 지급 역시 손실의 큰 부분을 차지하는 것으로 나타났습니다. 이는 원칙대로 작업하고 품질을 유지했으면 발생하지 않았을 비용으로 볼 수 있습니다. "품질은 곧 돈입니다!"

디자인은 더 이상 제품의 심미적 기능에 국한되지 않습니다. 상품의 가치를 끌어올려 시장 경쟁력을 높이는 게 디자인의 힘입니다. 우리나라 기업들은 디자인을 개선하기 위해서 산업계와 정부, 디자이너들이 지속적인 노력을 기울여왔고, 디자인산업의 경제적 가치만 약 130조 원 이상으로 추정됩니다. 이러한 디자인의 중요성은 자동차산업에서 가장 두드러집니다. 과거에는 자동차를 구매할 때 가장 먼저 고려하는 요소로 자동차의 성능을 꼽았지만, 최근에는 디자인이라고 답하는 소비자들이 많다고 합니다. 자동차 기술의 상향 평준화로 인해서 디자인이 중요해졌기 때문입니다. 이러한 이유로 세계적인 자동차 회사들은 디자인팀의 역량을 강화하여 자동차 디자인을 개선하는 데 총력을 기울이고 있으며, 우리나라의 현대자동차나 기아자동차 역시 세련된 디자인으로 전 세계적인 주목을 받고 있습니다. "품질은 곧 디자인입니다!"

'지속 가능한 성장'이 사회적 화두가 되면서 기업들의 사회적 책임 활동이 많은 관심을 받고 있습니다. 최근 많은 기업이 사회적 책임 활동의 하나로 친환경 제품, 저탄소 제품을 출시하고 있습니다. 소비자 역시 사회적 책임 활동에 공감하고 제품 구매 시 기업의 환경적·윤리적 영향을 고려하는 '착한 소비'를 하고 있습니다. 한 조사에 따르면 소비자 중 70%가량이 "착한 소비를 실천하는 사람이 늘 것이다", "착한 소비에 동참할 의향이 있다"고 답했다고 합니다. 이는 기업이 더 이상 생산량을 늘리고 불량률을 줄이는 것에만 초점을 맞출 것이 아니라, 기업 활동이 사회적으로 어떠한 영향을 갖는지를 고려하여 소비자들의 요구를 충족해야 한다는 것을 의미합니다. "품질은 곧 사회적 책임입니다!"

이외에도 품질은 다양하게 정의될 수 있습니다. 전통적으로는 생산된 제품이 얼마나 고장이 나지 않고 오랫동안 유지될 수 있는지가 좋은 품질의 기준으로 여겨졌습니다. 하지만 최근에는 고장이 나지 않는 것도 중요하지만 고객 만족도를 좀 더 강조하는 추세입니다. 다시 말해 생산된 제품이 얼마나 고객의 욕구를 만족시켜 감동을 줄 수 있는지가 좋은 품질의 척도로 여겨지고 있습니다. 이에 따라 품질공학의 방향성은 단순히 생산과정에서의 불량률을 줄이는 것이 아닌, 기업의 모든 부분이 참여하여 고객의 만족을 극대화하는 방향으로 진화하고 있습니다. 특히 현대 사회에서는 소비자들의 요구 수준이 지속해서 향상되고 있으므로, 품질 역시 매우 다양한 관점에서 정의되고 있습니다. 여러분들도 각자 "품질은 곧 ○○입니다!"라고 정의해 보는 것은 어떨까요?

## 품질공학의 배경

품질공학의 등장 배경을 이해하기 위해서는 산업공학의 역사를 살펴볼 필요가 있습니다. 산업공학의 '산업'은 참 애매하고 그 범위가 넓습니다. 산업은 농경산업, 수렵산업, 제조산업, 군수산업, 물류산업, 서비스산업(예: 의료, 금융, 백화점) 등 다양하게 존재하기 때문입니다. 잠시 산업공학이 처음 생겼을 당시로 돌아가 보기로 합시다. 1908년 미국 펜실베이니아 주립대학교에서 산업공학과가 세계 최초로 설립되었을 당시, 선진국은 대부분 제조업이 산업의 주를 이루고 있었습니다. 제품을 대량으로 그리고 효율적으로 제조하기 위해서는 여러 단계가 필요했고, 이런 복잡한 단계들이 얽혀 있는 제조시스템을 제대로 이해하기 위해서는 사람, 부품, 기계, 비용, 에너지 등 여러 요소의 유기적인 관계를 파악하는 것이 중요했습니다. 당시 제조업체에서는 제품을 얼마나 많이 생산할 것인지, 즉 대량생산에 초점이 맞추어져 있었습니다. 하지만 이런 대량생산 중심의 제조업은 곧 심각한 문제에 부딪히게 되는데, 그것이 바로 불량품으로 인한 소비자들의 외면이었습니다. 품질 문제가 대두되기 시작한 겁니다. 이는 짧은 시간 동안 무조건 많은 양의 제품만을 생산해서 발생하는 당연한 부작용이었습니다. 이에 차츰 제조업에서는 대량생산과 더불어 품질 문제를 고심하게 되었고, 이 문제를 해결하기 위해 태동한 학문이 바로 품질공학입니다.

어느 분야든 마찬가지지만 품질 분야에서도 기억해야 할 인물들이 있습니다.

**그림 14-2. 품질 분야의 역사적 인물들**

| 에드워즈 데밍 | 조셉 주란 | 파이겐바움 |

| 이시카와 가오루 | 밥 갤빈 | 잭 웰치 |

품질의 아버지라고 불리는 에드워즈 데밍(Edwards Deming: 1900~1993)이 그중 대표적이라고 할 수 있습니다. 미국 태생인 데밍은 제2차 세계대전 이후 폐허가 된 일본을 복구하는 데 도움을 준 인물로 유명합니다. 제2차 세계대전 패전국인 일본에 인구조사 고문으로 파견된 데밍은 일본 기업인들을 대상으로 품질관리의 중요성과 방법에 대해 설파하였고, 이후 일본이 제2차 세계대전 이후 제조업의 선두 자리를 차지하는 데 일등 공신이 됩니다. 또한 "품질은 곧 고객이다"라는 주장을 통해 직원들 스스로 책임감을 강조한 것으로도 유명합니다.

루마니아 출신 조셉 주란(Joseph Juran: 1904~2008)도 품질 분야에서 빼놓을 수 없습니다. 그가 품질경영 방법을 개념화한 '품질 트릴러지(Quality Trilogy)'가 유명한데, 여기서 주장하고 있는 세 가지 요소는 ① 품질계획, ② 품질통제, ③ 품질개선입니다. 주란은 이 세 가지 요소가 계속 순환되어야 함을 강조하였습니다. 즉, 개선사항이 나오면 이를 계획에 반영하고, 반영된 계획에 따라 통제함으로써 지속해서 품질에 대한 개선 효과를 창출하는 것이 이 순환의 궁극적인 목적입니다.

다음은 전사적 품질관리(TQC, Total Quality Control)를 정의한 파이겐바움(Armand V. Feigenbaum: 1922~2014)입니다. 전사적 품질관리는 품질관리 부서뿐 아니라 마케팅, 기술, 서비스 등 기업의 모든 부서가 소비자를 만족시킬 수 있는 품질을 달성하기 위해 노력해야 한다는 개념입니다. 또한 품질관리 분임조를 최초로 창안하고 보급한 일본 품질관리 대부인 이시카와 가오루(1915~1989)도 빼놓을 수 없습니다. 품질관리 분임조는 2차, 3차 협력업체까지 보급되면서 일본의 대표적인 품질관리 활동으로 자리매김하게 됩니다. 그는 현상/사실을 정확히 이해하는 것이 중요하며, 이를 검증하기 위해 올바른 데이터 수집 및 통계 분석이 실시되어야 한다고 주장하였습니다.

이들 외에도 6시그마 개념을 만들고 활성화한 모토로라의 밥 갤빈(Robert Bob Galvin: 1922~2011)과 제너럴 일렉트릭의 잭 웰치(Jack Welch: 1935~2020)도 품질 분야에서 빼놓을 수 없는 인물입니다. 6시그마는 구체적인 방법론이라기보다는 프로세스 개선, 과학적인 사고, 고객 중심의 생산, 조직적인 인력 향상 등의 연계를 중요시하는 품질개선의 혁신 활동으로 전 세계적으로 빠르게 보급되었습니다.

4차 산업혁명 시대가 도래하면서 최근 품질공학에서는 '품질 4.0'의 개념이 대두되고 있습니다. 이는 빅데이터 분석 및 인공지능 기술 등의 4차 산업혁명 핵심 기술을 바탕으로 제조 공정의 자동화와 지능화를 통해 품질 향상을 위한 효율적인 의사결정을 도모하는 것을 의미합니다. 단순한 관리 범위의 확장이 아닌 기술혁신을 바탕으로 품질개선을 이루고자 하는 것이 품질 4.0 개념의 핵심입니다. 이러한 품질공학의 발전 과정이 시사하는 바는 환경 변화에 대응하면서 품질개선 활동이 진화해 왔으며, 새로운 기술을 활용하여 고객의 기대에 부응하는 제품을 시장에 내놓아야 하고, 품질 수준을 지속해서 높여야 한다는 것입니다.

## 품질공학에서는 무엇을 배울까?

품질관리기법은 통계 이론에 근거하고 있기 때문에 기본적으로 통계 지식이 필요합니다. 가장 기초적인 기법은 품질관리 대상의 상태를 그래프로 보여주는 것입니다. 대표적으로 히스토그램, 파레토차트, 첵시트, 원인-결과 다이어그램 등이 있습니다. 그래프 기법은 품질 현황을 그림으로 보여주기 때문에 직관적이고 이해하기 쉽습니다. 하지만 다수의 인자가 섞여 있는 복잡한 품질 데이터를 다룰 경우 인자 간 연관성을 설명하기 어렵고, 무엇보다도 해석이 주관적일 수 있다는 한계점이 있습니다.

이를 보완하기 위한 기법인 관리도(control chart)는 측정 센서로부터 얻은 제품의 특성치를 흐름에 따라 차트로 보여주는 기법입니다. 1920년대 슈하르트

(Shewart)가 개발한 관리도는 100년 가까이 된 전통적인 기법으로서, 객관적인 통계 이론에 기반하고 있고 차트로 결과를 보여주기 때문에 사용과 해석이 편리하다는 장점이 있어 기업에서 널리 사용하고 있습니다. 관리도의 궁극적인 목적은 제품의 품질을 지속해서 모니터링하여 불량이 발생하였을 경우 이를 조기에 발견하는 데 있습니다. 관리도와 마찬가지로 전통적인 품질관리기법으로서 오늘날에도 널리 쓰이는 샘플링검사기법이 있습니다. 대부분의 현장에서는 생산되는 모든 제품의 품질을 검사할 수 없으므로 그중 일부를 뽑아(샘플링) 검사하는 것이 일반적입니다. 적은 수를 가지고 최대한 전수검사의 효과를 내는 것이 효율적인데, 이 경우 다양한 샘플링검사기법이 유용하게 사용될 수 있습니다. 관리도와 샘플링검사기법 외에도 공정의 산포 관리를 체계적으로 할 수 있는 공정능력지수가 쓰이고 있습니다. 공정능력지수는 정해진 산포 허용 범위에 비해 산포 관리를 얼마나 잘하고 있는지 평가하는 척도입니다.

한편 사물인터넷(IoT, Internet of Things) 기술의 등장으로 인해 데이터 측정 및 수집 기술이 발전하면서 제조 공정에서 생성되는 데이터의 양도 폭발적으로 증가하였습니다. 그리고 이를 효과적으로 분석하여 공정을 모니터링하기 위해서 인공지능 방법론이 널리 활용되고 있습니다. 대표적으로는 센서와 카메라를 통해 물체를 식별하고 검사하는 딥러닝 비전 기술이 있습니다. 이를 통해 제품의 불량을 탐지하거나, 불량 현상을 분류한 후 이에 대응하기 위한 조치를 할 수 있습니다. 이외에도 공정에서 수집되는 작업장의 소음 데이터나 작업 이력에 대한 로그 데이터를 활용한 인공지능 기법을 활용하기도 합니다.

관리도를 포함해 앞서 설명한 방법들은 제조 과정상에 이루어지는 품질관리기법이라 할 수 있습니다. 반면에 제조 이전 설계 및 개발단계의 품질관리기법으로는 실험계획법이 있습니다. 실험계획법은 실험하기 위한 계획 방법을 의미하는 것으로, 해결하고자 하는 문제에 대한 실험순서, 실험조건, 데이터 획득 방법을 파악할 수 있습니다. 실험계획법에서 널리 쓰이는 방법으로는 분산분석, 회귀분석, 상관분석 등이 있습니다. 실험계획법의 구체적인 순서를 다음의 예로 설명해 보겠습니다. 철강 제품의 품질을 향상시키기 위해 강도를 더 높이고 싶은 실험이 있다고 가정해 봅시다. 이를 위해서는 먼저 강도와 관련 있는 인자를 찾아야 합니다. 인사의 수가 너무 많을 경우 정확도를 오히려 떨어뜨릴 수 있기 때문에 강도와 가장 관련 있는 최소의 인자를 선택하는 것이 좋습니다. 다음으로는 선택한 인자의 수준을 정해야 하는데, 여기서 말하는 수준은 인자의 실험 조건을 의미합니다. 예를 들어 온도 인자의 수준은 $100\,^{\circ}\!C$와 $200\,^{\circ}\!C$ 두 가지로 정할 수 있습니다. 인자 수준을 결정하면 실험 순서를 정하기 위한 랜덤화와 인자 수준의 조합 결정을 위한 블록화를 결정하고, 이에 따라 실험을 진행하면 됩니다.

신뢰성 공학 기법 또한 매우 중요한 품질 방법론입니다. 신뢰성이란 생산된 제품들이 오랫동안 고장 없이 작동하는 능력을 의미하며, 이를 향상시키기 위해 활용되는 수학적 기법과 공학적 방법론을 통틀어 신뢰성 공학이라고 합니다. 소비자들은 기본적으로 제품을 고장 없이 오래 사용할 수 있을 것이라는 기대를 하고 제품을 구매하기 때문에 신뢰성을 향상시키는 것은 품질공학의 중요한 분야입니다. 신뢰성을 수치로 표현한 값인 신뢰도는 제품의 사용시간에 따라 고장이 발생하지 않을 확률로 정의할 수 있으며, 이는 제품의 수명시간(고장이 발생할 때까지 걸린 시간)의 확률 분포를 통해 분석할 수 있습니다. 수명시간의 확률 분포를 도출하기 위해서는 제품의 수명시간을 측정하여 얻어진 데이터를 활용하게 됩니다. 하지만 제품이 고장 날 때까지 너무 오랜 시간이 소요될 수 있기 때문에 가속 수명시험 기법을 적용할 수 있습니다. 이는 수명시험 시간을 단축할 목적으로 제품에 가해지는 물리적인 강도를 일반적인 사용조건보다 높임으로써 고장이 발생할 때까지 걸리는 시간을 인위적으로 단축하는 방법입니다. 이를 위해 제품에 가해지는 압력을 높이거나 환경의 온도를 높이는 방법을 적용할 수 있습니다. 가속 수명시험 기법을 통해 측정된 수명시간에 대해 물리 공식을 적용하면 실제 사용조건에서 수명시간의 확률 분포를 추정할 수 있습니다. 이외에도 고장 형태 영향 분석(FMEA, Failure Mode and Effects Analysis)이 널리 활용되고 있습니다. 이는 제품개발 과정에서 고장 유형 및 문제점을 파악하여 고장으로 인해 발생할 수 있는 위험을 사전에 방지하는 기법입니다.

　마지막으로, 제조설비 관리 역시 품질공학의 중요한 분야입니다. 대부분 불량은 제조 설비의 고장이나 오작동으로 인해서 발생하기 때문에, 이를 사전에 방지하고 대비하는 것은 품질 수준을 높이기 위해 매우 중요합니다. 이를 위해서는 센서를 통해 설비 상태를 파악하고 고장을 예측하여 정비 시점이나 방식에 대한 의사결정을 내려야 하는데, 이를 설비 건전성 관리 및 고장 예지(PHM, Prognostic and Health Management)라고 합니다. PHM의 목적은 머신러닝/인공지

**그림 14-3. 품질관리기법**

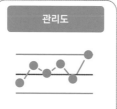

품질 그래프
- 히스토그램
- 파레토차트
- 첵시트
- 원인-결과 다이어그램

관리도
- 슈하르트 관리도
- 샘플링검사기법
- 공정능력지수
- 인공지능 방법론

실험계획법
- 분산분석
- 회귀분석
- 상관분석

신뢰성 공학
- 수명시간 확률 분포
- 가속 수명시험 기법
- 고장 형태 영향 분석

설비관리
- 고장 진단
- 고장 예지
- 딥러닝 알고리즘

능 알고리즘을 통해 센서 데이터를 정확하게 분석하여 제조 설비의 고장 여부를 탐지하거나(고장 진단), 고장 시점을 예측(고장 예지)하는 것입니다. 특히 IoT 기술의 발달로 다양한 형태의 데이터(이미지, 신호 데이터 등)들이 수집되고 있으며, 이를 효과적으로 분석하기 위해서 딥러닝 알고리즘도 적용되고 있습니다.

## 품질공학을 전공한 사람의 직업은?

품질공학 전공자는 제조산업부터 서비스산업까지 다양한 분야로 진출할 수 있습니다. 예를 들면 전자, 자동차, 화학, 에너지, 철강, 재료 등의 제조업체와 병원, 은행, 백화점, 음식점 등의 서비스업체가 있습니다. 특히 반도체와 디스플레이로 대표되는 정밀전자산업에서는 작은 불량도 큰 손실로 이어질 수 있기 때문에 품질은 매우 중요합니다. 제조업체에서 품질공학 전공자들의 업무는 다양합니다. 먼저 공정마다 생산되는 제품의 일부를 뽑아 신뢰성을 검사하게 되는데, 여기서 몇 개를 뽑고 어떤 환경조건(온도, 압력 등)에서 테스트해야 전체 모수를 대표할 수 있는지에 대한 기준을 마련하는 일을 품질공학 전공자들이 담당하게 됩니다. 그리고 공정 중에는 불량품을 판별해야 하는데, 예전에는 사람이 눈으로 그 역할을 했다면 최근에는 이를 인공지능화하여 자동으로 판별할 수 있도록 했습니다. 이때 인공지능 기법을 개발하는 것도 품질공학 전공자들의 역할입니다. 또한 이상 발생 시 그 원인을 찾고 적절한 조치를 내리는 것도 품질공학 전공자들의 주요 역할입니다. 무엇보다도 품질공학 전공자들은 장비, 재료 등 해당 도메인 지식을 갖고 있는 순수 엔지니어들과 경영진 사이에서 의사소통을 원활하게 해주는 다리와 같은 역할을 합니다. 서비스업체에서의 품질은 제품의 물리적 특성에 의해 객관적으로 평가되는 제조업체의 품질과는 달리 고객의 만족도에 의해 결정됩니다. 따라서 서비스업체에서 품질공학 전공자들은 고객의 기대수준과 실제 서비스수준의 차이를 줄이기 위한 방법을 고안하는 역할을 하게 됩니다. 또한 서비스 품질은 제조 품질과는 달리 평가지표가 주관적일 수 있기 때문에 좀 더 객관적인 평가 기준을 마련하는 것도 품질공학 전공자들의 역할입니다. 실제로 디즈니랜드, 포시즌스 호텔, 노스트롬 백화점 등에서는 서비스 품질을 지속적으로 개선하기 위해 매해 많은 품질공학 전공자들을 채용하고 있습니다.

## 품질공학 전문가가 되기 위해서는?

품질관리기법은 대부분 통계 및 확률이론에 근거하고 있어 이 분야에 관심이 있어야 합니다. 통계/확률은 넓게 보면 수학의 한 분야이긴 하지만, 계산과정 위주인 고등학교 수학과는 차이가 있습니다. 따라서 고등학교 수학에 흥미가 없었더라도 실생활의 복잡한 현상을 논리적으로 정리하고 그 안에서 중요한 문제를 정의하는 것에 관심이 있다면 얼마든지 재미있게 공부할 수 있습니다. 이러한 논리력은 수학 외에도 많은 독서와 다양한 분야의 학습을 통해 얻을 수 있습니다. 논리력 이외에도 머신러닝/인공지능 방법론과 컴퓨터 프로그래밍 능력은 품질공학에서 매우 중요합니다. 물론 컴퓨터 프로그래밍 자체가 논리력을 키우는 데 효과적인 방법이라는 것은 널리 알려진 사실입니다. 최근 생성되는 품질 데이터는 용량이 크고 형태도 다양하여 전통적인 품질관리기법만으로는 분석이 어렵습니다. 따라서 이를 해결하기 위해서 기존 기법과 인공지능 기법 간의 융합을 통해 보다 효과적인 기법들이 개발되고 있습니다. 이러한 새로운 기법들을 실제로 구현하기 위해서는 컴퓨터 프로그래밍 실력이 필수적입니다.

요약하면 품질공학을 전공하기 위해서는 기본적인 통계/확률 지식이 있어야 합니다. 그리고 논리적인 사고도 필요한데, 이는 다양한 독서, 다방면의 경험,

그리고 컴퓨터 프로그래밍으로 키울 수 있습니다. 또한 방대하고 복잡한 최신 공정데이터를 분석하기 위해서는 이 책에서도 소개하고 있는 빅데이터/인공지능 기법의 학습도 필수적이라 하겠습니다.

# 품질공학의 미래

앞으로 품질공학은 빅데이터 시대를 맞이하여 크게 변화될 것으로 보입니다. 특히 IoT와 제조업의 결합은 거스를 수 없는 시대적 흐름이 되었습니다. SNS, 전자상거래 등 개인의 삶에 큰 변화를 안겨준 인터넷이 IoT 기술과 함께 빠른 속도로 산업계에 확장되고 있습니다. 같은 맥락에서 제조업에서는 반도체기술, 통신기술, 센서기술, 인공지능기술과 맞물려 스마트 팩토리라는 새로운 제조 패러다임이 도출되었습니다. 스마트 팩토리는 IoT 기술을 통해 축적된 방대한 양의 데이터를 분석하여 스스로의 판단을 통해 공정 최적화나 생산 스케줄

**그림 14-4. 인공지능 기반 스마트 팩토리**

수립 등 관련된 의사결정을 내릴 수 있는 지능화 공장을 의미합니다. IoT로부터 생성되는 방대하고 복잡한 공정데이터는 전통적인 품질관리기법만으로는 분석하기 어렵기 때문에 인공지능 기술과 맞물려 새로운 개념의 품질관리기법들이 개발되고 있습니다. 이렇듯 앞으로의 품질공학은 IoT가 결합된 스마트 팩토리에서 새로운 개념으로 탄생할 것으로 보입니다. 스마트 팩토리에 대해 조금 더 자세히 설명해 보겠습니다.

스마트 팩토리는 2011년 독일의 인더스트리 4.0 전략을 통해 제시된 미래 공장 개념으로, 2012년 독일 인공지능연구소가 사이버 물리 시스템을 제조업에 접목함으로써 구체화되었습니다. 스마트 팩토리는 개발에서 생산까지 전 과정이 IoT로 연결되어 사이버 물리 시스템을 통해 제어가 가능하고, 유연한 생산 장치를 통해 고객 맞춤형 생산을 추구하는 제조 플랫폼입니다. 즉, 공장이 시스템을 감시하고 결정하는 능력을 갖추게 함으로써 스스로 공정을 조정하고 최적화할 수 있는 시스템입니다. 앞서 언급했던 품질 4.0의 개념은 스마트 팩토리에서의 품질공학 패러다임이라고 할 수 있습니다. 이러한 품질 4.0의 개념을 구현하기 위한 핵심 기술들이 많이 개발되었으며, 이 기술들은 주로 인공지능에 기반하고 있습니다. 대표적인 기술로는 예측 품질 분석, 딥러닝 기반 머신비전 품질관리를 들 수 있습니다.

예측 품질 분석이란 제조 중인 제품, 부품, 소재의 품질 수준을 예측하여 향후 불량 발생이나 공정의 이상을 예방하는 기술을 의미합니다. 이를 위해서 제조 공정에서 수집된 방대한 양의 데이터에 인공지능 알고리즘을 적용하여 결함 패턴을 도출하거나, 제조 공정의 이상 징후를 감지하고, 미래의 결과와 추세를 예측할 수 있습니다. 궁극적으로 예측 품질 분석을 통해 품질 문제가 발생하기 전에 문제의 근본 원인을 방지하거나 제거할 수 있습니다.

품질 4.0의 또 다른 핵심 기술은 딥러닝에 기반한 머신비전 품질관리입니다. 비전검사란 제조된 제품을 직접 눈으로 보면서 결함을 찾아내는 품질검사 방식입니다. 이러한 비전검사를 자동화하기 위해 기업들은 비전 시스템을 도입하였습니다. 하지만 과거에는 이미지 인식과 분석을 위한 기술이 미비하여 정확한 불량 인식이 어려운 경우가 많았지만, 최근에는 머신비전 카메라와 인공지능을 활용하여 제품의 이미지를 인식하고 다양한 유형의 결함을 찾아낼 수 있는 머신비전 시스템이 개발되고 있습니다. 이 기술은 기존 비전 시스템의 한계를 극복할 수 있게 되어 많은 산업 분야에서 널리 활용되고 있으며, 이에 따라 품질검사의 정확성과 효율성이 획기적으로 개선되고 있습니다.

인류가 생산활동을 계속하는 한 품질의 중요성은 지속해서 높아질 것입니다. 산업공학에서 이미 고전의 반열에 오른 품질공학은 이제 '고객 만족'의 목표를 넘어 '고객 감동'을 목표로 이 시대의 핵심 분야로 발돋움할 것입니다.

MEMO

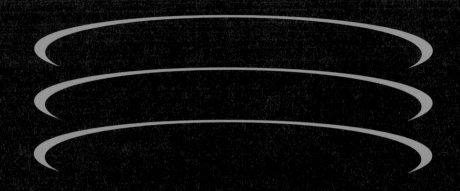

# 부록

# 1. 산업공학이란 무엇일까?

"Engineers make things, INDUSTRIAL ENGINEERS MAKE THINGS BETTER."

산업공학이란 자연과학과 사회과학, 공학적 원리를 결합하여 최적의 프로세스와 시스템을 설계하고 운영함으로써 '무엇인가를 더 잘할 수 있도록' 지원하는 학문입니다. 따라서 산업공학도들은 제품 및 서비스의 품질을 개선하거나, 생산 공정의 효율성을 향상시키거나, 신기술을 더욱 효과적으로 개발하거나, 업무를 보다 쉽고 가치 있게 만드는 것 등에 기여해 왔습니다.

## 오케스트라를 지휘하는…

산업공학은 '산업'이라는 오케스트라를 지휘하는 지휘자이자, '산업'이라는 유니폼을 입고 뛰는 야구 선수들의 포지션과 타순을 적재적소에 배치하는 감독이고, '산업'일보의 다양한 분야의 소속 기자들이 써온 기사를 편집하는 편집장이며, '산업'이라는 군단을 지휘하여 전투를 승리로 이끄는 야전사령관이라고 할 수 있습니다.

그러므로 산업공학은 산업 시스템을 구성하는 모든 분야를 조화롭게 지휘하고 조절하는 방법을 공부하는 복합 학문이라고 할 수 있습니다. 산업공학도들은 직접 연주를 하거나, 홈런을 날리거나, 기사를 쓰거나, 총과 대포를 쏘며 싸우지는 않지만 다양한 악기들이 조화로운 화음을 내도록, 경기에서 이기도록, 독자들에게 올바른 뉴스를 전하는 신문이 되도록, 그리고 전투에서 승리하도록 시스템을 멋지게 만들고 개별 요소들을 효율적으로 통제·관리해서 시스템이 제 역할을 할 수 있도록 조정합니다.

다시 말해서 산업공학은 매우 복잡하고 급변하는 산업이라는 틀 안에서 제품이나 서비스를 직접 개발하거나 창출해 내지는 않지만, 제품과 서비스가 제 역할을 다할 수 있도록 조율하고 정리하고 지휘하며, 그에 따라서 만들어진 것이 훨씬 더 좋아지게 해서 이들의 효용성을 최대화하는 데 기여합니다. 따라서 지금 우리가 살고 있는 사회가 엉성하기 짝이 없고, 우리나라의 회사들이 만들어내는 제품들을 '영 아니올시다'라고 생각하는 학생들에게는 산업공학이라는 학문만큼 도전해 볼 만한 분야가 없다고 해도 과언이 아닙니다. 이러한 맥락에서 시스템의 설계와 관리 및 지속적인 개선에 관심이 있는 학생에게는 산업공학이 가장 적절한 선택이라고 할 수 있습니다.

## 나무와 숲을 동시에 보는…

산업이라는 시스템은 사람, 자원, 기계장비, 돈, 정보 등이 복잡하게 어우러진 유기적 복합체입니다. 이 복합체를 구성하는 요소들은 급속한 기술 발전과 사회적·경제적인 환경 변화와 함께 매우 빠른 속도로 변화하여, 산업이라는 복합체의 구조 역시 매우 복잡하고 빠르게 변화하고 있습니다. 이렇게 급변하는 기술 환경에서 현재보다 나은 방법으로 일을 수행하고 시스템이 보다 효율적으로 운영될 수 있도록 개선하는 것이 산업공학의 목표입니다.

이러한 변화에 적극적으로 대응하기 위해 산업공학에서는 시스템을 구성하는 개별 요소에 대한 지식은 물론, 각 구성요소를 효율적으로 통합하여 시스템 전체에 대한 각종 의사결정을 지원할 수 있도록 나무와 숲을 동시에 볼 수 있는 안목을 갖춘 공학도를 양성하여 시스템의 설계, 설치, 개선에 기여할 수 있도록 합니다. 이러한 능력을 갖춘 산업공학도들은 기업에게는 효율적으로 비용을 절감할 수 있는 기회를 주는 동시에, 소비자에게는 보다 나은 제품을 저렴하게 구입할 수 있는 기회를 제공해 줍니다.

두 가지 측면에서 산업공학은 다른 공학 분야와 차별화됩니다. 첫째로 기계공학, 전자공학, 재료공학 등과 같은 다른 공학 분야는 개별 요소나 특정한 한 분야에 한정된 시스템에만 관심을 갖는 반면, 복합 시스템 학문으로서의 산업공학은 기업을 구성하는 다양한 시스템들의 조화로운 운영에 관심을 갖습니다. 둘째, 산업공학은 복잡한 시스템 내에서 사람의 역할을 중시하고 시스템 개선에 따른 이익이 사람들에게 돌아가는 데 주안점을 두고 있습니다. 즉, 산업공학은 사람들의 삶의 질을 향상시키는 것을 최우선의 목표로 하고 있습니다.

## 모든 첨단산업을 선도하는…

산업공학은 전 산업 분야에 적용될 수 있는 포괄적인 융복합 학문입니다. 적용 분야로는 자동차와 반도체로 대표되는 제조산업뿐 아니라 경영 및 IT 컨설팅, 정보통신산업, 금융산업, 의료산업, 방위산업 및 우주산업, 도시계획, 수송 및 유통업, 일반 도소매 산업, 일상생활과 관련된 산업 등 전 산업 분야를 망라하고 있습니다.

따라서 산업공학도가 취업 가능한 분야는 거의 전 업종이라고 할 수 있으며, 경영학 전공자들의 전유물이었던 마케팅, 재정, 인사 부문 등으로의 진출도 최근 들어 증가하고 있습니다. 실제로 코카콜라, UPS, 디즈니, IBM, 나이키, 인텔, 마이크로소프트, 보잉사 같은 세계 유수의 기업들이 산업공학을 전공한 인재들을 고용하여 시스템의 개선을 추구하고 있습니다. 이 밖에도 병원, 항공사, 은행, 철도회사 등 거의 전 업종으로 산업공학도들이 활발히 진출하고 있습니다. 최근에는 특히 정부기업의 주요 싱크탱크 연구소에서 산업공학도들의 수요와 역할이 지속적으로 증가하고 있습니다.

## 산업공학의 특성

### • 산업공학은 과학적 관리기법을 기반으로 탄생한 학문입니다

산업공학은 프레더릭 테일러(Frederick Taylor)가 제안한 과학적 관리기법(The

Principles of Scientific Management)을 기반으로 탄생하였으며, 1908년 최초로 미국 펜실베이니아 주립대학교에서 산업/제조공학과라는 명칭으로 개설되었습니다. 그리고 국내외 많은 대학교에서는 학과 개설의 동기와 관점에 따라서 산업 공학을 시스템공학, 경영공학, 경영과학, 생산공학, 제조공학 등의 학과명으로 사용하고 있습니다.

### • 산업공학은 학제 간 융합 학문입니다

산업공학은 기계공학, 화학공학, 토목공학 등과 같이 공학의 한 분야지만, 이들 분야는 특정 공학 분야에 중점을 둔 요소 학문인 반면, 산업공학은 모든 공학 분야 및 사회과학 분야를 망라하는 학제 간 융합 학문으로서 시대가 요구하는 융복합 인재를 양성할 수 있도록 특화된 학문입니다.

**산업공학 분야**

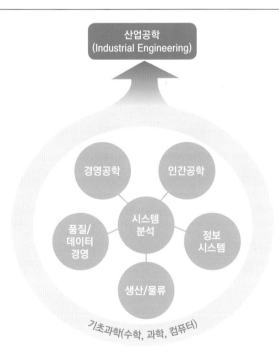

- **산업공학은 과학적이며 계량적인 경영학문입니다**

산업공학은 공학과 경영을 접목한 학문이지만, 여기에서 경영이란 심리학과 같은 사회과학까지도 고려한 과학적이며 계량적인 경영을 말합니다.

- **산업공학은 단지 제조공학만을 학문적 기반으로 삼고 있지 않습니다**

산업공학의 학문 기반은 원래 제조 분야였지만, 지금은 그 학문 대상이 제조업뿐 아니라 서비스, 행정, 의료서비스 등 전 산업 분야로 확장되고 있습니다. 따라서 이러한 확장의 개념에서 산업공학을 흔히 시스템공학이라고도 합니다.

- **산업공학은 취업 분야의 폭이 넓고, 연봉이 가장 높은 공학 분야 중 하나입니다**

산업공학 전공자는 모든 산업 분야에서 전문가뿐 아니라 기업 CEO, 컨설턴트, 세미나 강사, 연구자로 다양한 역할을 담당하고 있으며, 산업공학은 연봉이 가장 높은 공학 분야 중 하나입니다.

## 4차 산업혁명과 산업공학

- **스마트 팩토리**

스마트 팩토리의 핵심은 센서 데이터에 기반한 실시간 분석 및 관리입니다. 산업공학의 전통적인 연구 분야인 생산관리, 품질관리, 물류관리에 데이터마이닝 및 정보경영이 결합되면서 스마트 팩토리가 실현되고 있습니다. 스마트 팩토리의 실현에는 현재까지 산업공학이 가장 앞서서 선도하고 있습니다.

## • 빅데이터/머신러닝

산업공학의 핵심 이론인 최적화, 통계학 등은 머신러닝 및 딥러닝 이론의 근간을 이루는 중요한 부분입니다. 또한 데이터마이닝은 오래전부터 산업공학의 주요 연구 분야로 성장해 왔습니다. 최근 산업공학의 전 분야에서는 빅데이터 및 머신러닝 기술을 적용해 데이터 기반의 의사결정을 수행하고 있습니다.

## • 핀테크

핀테크는 금융(finance)과 기술(technology)이 결합된 서비스 및 산업입니다. 오랜 시간 금융공학 및 경제성 공학은 산업공학의 핵심 분야로 자리매김해 왔습니다. 금융공학 및 경제성 공학의 주요 이론은 IT 서비스 및 빅데이터 분석과 결합되어 핀테크 산업을 선도하고 있습니다.

## • 플랫폼 비즈니스

플랫폼 비즈니스는 수요와 공급이 만나는 생태계를 형성하기 위한 비즈니스 모델입니다. 산업공학의 주요 연구 분야 중 하나인 최적화, 기술경영, 정보경영, 인간공학 등 다양한 학문이 플랫폼 비즈니스의 개발 및 관리에 필요한 연구를 담당하고 있습니다.

## • 블록체인

블록체인은 차세대 분산 컴퓨팅 기술입니다. 산업공학의 주요 연구 분야인 정보경영에서 블록체인 연구에 활발히 참여하고 있으며, 블록체인은 플랫폼 비즈니스의 실현에도 크게 연관되어 있습니다.

# 2. 산업공학에서는 무엇을 배울까?

산업공학은 다음과 같이 다양한 분야를 통해 세상의 변화를 주도하고 있습니다. 각 전공 분야에 대한 자세한 소개는 각 장의 내용을 참고하시기 바랍니다.

• **경영과학**은 경제, 사회, 산업 분야를 대상으로 수학과 통계학을 사용하여 현실문제를 모형화하고 분석하며, 분석 대상 시스템을 효율적이고 효과적으로 운용하기 위한 방안을 찾는 데 사용됩니다.

▶▶ 버스 배차 시간을 어떻게 정해야 학생들이 늦지 않고 학교에 도착할 수 있을까?

• **경제성 공학**은 공학의 목적인 자연과학적 법칙을 이용해서 사람들이 필요로 하는 물건을 '경제적으로 효율성 있게' 만들기 위해 경제성을 분석하는 방법을 연구하고 응용하는 분야이며, 경제성 분석을 통해서 프로젝트의 성공 가능성과 위험을 평가할 수 있습니다.

▶▶ 전기차와 내연기관차 중 어느 차량이 장기적으로 더 경제적일까?

• **금융공학**은 산업공학의 원칙을 금융산업에 적용하여 금융산업의 효율성을 높이는 분야이며, 산업공학이 주로 해결했던 문제의 구조가 자산운용에서의 핵심적인 문제 형태와 매우 비슷하기에 산업공학도의 활약은 필연적입니다.

▶▶ 내가 가진 돈을 주식과 예금에 어떻게 나눠서 투자해야 안전한 수익을 낼 수 있을까?

● **기술경영**은 기술을 개발하거나 확보하여 상품에 구현시켜 잘 판매하는 것을 목표로 하며, 산업시스템 중에서 기술개발과 이를 통한 신상품 개발의 성공을 위해 다양한 방법과 관리기술을 배웁니다.

▶▶ 회사에서 개발한 새로운 소프트웨어를 어떻게 상용화해야 수익을 극대화할 수 있을까?

● **빅데이터**는 현대 사회의 거의 모든 분야에서 새로운 통찰력을 얻고 의사결정을 개선하는 데 크게 기여하고 있습니다. 데이터 과학(Data Science) 분야가 부상하면서 빅데이터의 중요성은 더욱 강조되고 있으며, 데이터 과학을 통해 수많은 데이터 속에 숨겨진 패턴이나 의미를 찾아낼 수 있습니다.

▶▶ SNS 데이터를 분석해서 사람들이 어떤 제품을 선호하는지 알아낼 수 있을까?

● **산업인공지능**은 제조, 에너지, 물류 등 다양한 산업 분야에서 인공지능(AI) 기술을 적용해 효율성을 극대화하고, 비용을 절감하며, 문제를 자동으로 해결하는 기술을 연구하는 학문입니다. 기계학습, 딥러닝, 빅데이터 분석 등의 AI 기술을 이용해 생산 공정을 최적화하거나, 예측 모델을 통해 장비의 고장을 미리 감지하고 유지보수를 자동화하는 데 큰 역할을 합니다.

▶▶ 출퇴근 시간대에 엘리베이터 대기시간을 줄이기 위한 최적의 운행 계획은 무엇일까?

● **물류**는 물건의 흐름으로, 이를 관리하는 분야를 물류관리라고 합니다. 물류관리는 군사 작전에서 필요한 물자의 소요를 판단하고 조달하는 과정에서 발전했으며, 인류 역사상 매우 중요했고 앞으로도 그 중요성이 증가할 것입니다.

▶▶ 물류비용을 줄이기 위한 최적의 배송 경로는 무엇일까?

● **생산경영**은 공장이나 생산시스템에서 최적의 의사결정을 체계적으로 수행하여 생산 목표를 달성하는 과정으로, 제품 생산 결정, 작업자 배치 등 일상적인 결정을 포함하며, 생산 효율을 높이고 기업의 생존에 중요한 영향을 미치는 핵심 의사결정을 합니다.

▶▶ 자동차 공장에서 생산 효율을 극대화하려면 작업자와 기계를 어떻게 배치해야 할까?

● **서비스 사이언스**는 서비스의 혁신을 목표로 하며, 이를 달성하기 위해 기술, 경영, 인문사회 등 다양한 분야의 지식을 통합하고 과학적인 방법을 적용하는 학문입니다.

▶▶ 인천국제공항은 어떻게 세계에서 가장 빠른 출입국 서비스를 제공하게 되었을까?

● **스마트 제조**의 핵심인 스마트 팩토리는 소비자들의 수많은 유형의 주문에 대한 니즈를 신속하게 반영하고 빠르게 생산 및 배송하는 서비스로, 고객의 수요에 원활하게 대응하기 위해 기존 설비를 개선하고, 효율적으로 생산하기 위해 지능화된 미래형 공장입니다.

▶▶ 3D 프린터를 이용해 소비자 각각의 요구에 맞춘 맞춤형 제품을 어떻게 빠르고 효율적으로 생산할 수 있을까?

● **시뮬레이션**은 현실의 복잡한 현상이나 사건, 대상을 진짜와 같이 흉내 내는 모형(model)을 만들고 이를 가상(virtual)으로 실행해 봄으로써 특성을 파악하고, 결과를 예측·분석·평가하며, 이를 바탕으로 여러 계획과 해결 방안 등을 검증하고, 최적의 의사결정을 하는 모의실험입니다.

▶▶ 도시의 교통 혼잡을 줄이기 위한 최적의 신호 체계는 어떻게 설계할 수 있을까?

● **인간공학**은 물건을 사용하거나 일상에서 생활할 때 편리하고 안락하며 행복할 수 있도록 물건을 디자인하고 작업 환경을 개선하는 학문으로, 우리의 신체적·정신적 특성을 고려하여 물건과 환경을 디자인하는 것이 핵심입니다.

▶▶ 아이폰과 안드로이드폰 중에서 어떤 인터페이스가 더 편할까?

● **정보경영**은 정보기술을 활용하여 기업 운영의 성과를 극대화하는 체계적인 방법 및 학문 분야입니다. 정보경영은 기업에서 필요한 정보와 데이터를 적재적소에 전달함으로써 조직의 효율성을 높이는 역할을 하며, 최신 컴퓨팅 기술과 정보이론을 활용해 산업현장을 빠르고 효과적으로 운영할 수 있게 합니다.

▶▶ 회사 내 다양한 부서의 의사결정을 신속하게 할 수 있는 시스템을 어떻게 구축할 수 있을까?

● **품질공학**은 제품이나 서비스의 품질 향상, 프로세스 개선, 비용 절감, 유지보수 및 신뢰성 향상, 고객 만족도 향상을 목표로 방법과 기술을 연구하고 현장에 적용하는 분야이며, 인류가 생산활동을 계속하는 한 품질의 중요성은 지속적으로 확대될 것입니다.

▶▶ 제조 공정에서 불량률을 줄이기 위해서는 어떤 품질관리기법을 적용해야 할까?

# 3. 졸업 후 진로는 어떻게 될까?

## 정보사회의 흐름을 주도하는 총체적 학문

　합리적이고 능률적인 생산성의 향상, 비용 및 원가 절감을 통한 이윤 극대화의 추구, 금융상품의 개발 등 시대의 흐름과 맥을 같이하는 분야라면 산업공학 전공자의 주 무대가 될 수 있겠지요. 산업공학 전공자들은 IT, 제조, 컨설팅, 에너지, 정보통신, 물류 등의 다양한 분야로 진출하고 있습니다.

**A대학과 B대학 산업공학과 졸업생 취업 분포도**

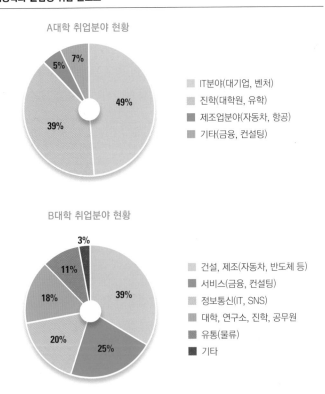

A대학 취업분야 현황

- IT분야(대기업, 벤처)
- 진학(대학원, 유학)
- 제조업분야(자동차, 항공)
- 기타(금융, 컨설팅)

B대학 취업분야 현황

- 건설, 제조(자동차, 반도체 등)
- 서비스(금융, 컨설팅)
- 정보통신(IT, SNS)
- 대학, 연구소, 진학, 공무원
- 유통(물류)
- 기타

미국의 PayScale 조사에 의하면 2024년 기준 학부 졸업 산업공학 전공자들의 경력 초기 연봉이 $101,200, 경력 중기 연봉이 $202,600로 석유공학에 이어 전체 2위로 보고되어 있습니다.

**미국의 공학 전공별 연봉 순위**

| 순위 | 전공 | 경력 초기 연봉 | 경력 중기 연봉 | 만족도 |
|------|------|------|------|------|
| 1 | 석유공학 | $98,100 | $212,100 | 60% |
| 2 | 경영과학 및 산업공학 | $101,200 | $202,600 | 21% |
| 3 | 전기공학 및 컴퓨터과학 | $128,500 | $192,300 | 45% |
| 4 | 상호작용 디자인 | $77,400 | $178,800 | 55% |
| 5 | 건축공학 | $71,100 | $172,400 | 46% |
| 6 | 응용경제학 및 경영학 | $81,200 | $169,300 | 47% |
| 7 | 계리수학 | $71,200 | $167,500 | 48% |
| 8 | 광학공학 | $81,500 | $166,400 | 73% |
| 9 | 계량경제학 | $78,400 | $165,100 | 43% |
| 10 | 경영과학 | $94,900 | $164,900 | 56% |

출처: PayScale
(https://www.payscale.com/college-salary-report/majors-that-pay-you-back/bachelors)

업무 기준으로 살펴보았을 때, 세계적인 경제지 《포브스(Forbes)》가 2023년에 발표한 바에 의하면 2021년 산업공학 업무의 평균 연봉은 $95,200로, 이는 공학 업무 순위 17위에 해당합니다.

**미국의 공학 업무별 연봉 순위**

| 순위 | 공학자 직종 | 2021년 평균 시급 | 2021년 평균 연봉 | 2016년 평균 연봉 | 5년간 변화율 |
|---|---|---|---|---|---|
| 1 | 석유공학자 | $70.06 | $145,720 | $147,030 | −0.89% |
| 2 | 컴퓨터하드웨어 공학자 | $65.50 | $136,230 | $118,700 | 14.77% |
| 3 | 항공우주공학자 | $59.12 | $122,970 | $112,010 | 9.78% |
| 4 | 화학공학자 | $58.58 | $121,840 | $105,420 | 15.58% |
| 5 | 원자력공학자 | $58.54 | $121,760 | $105,950 | 14.92% |
| ... | ... | ... | ... | ... | ... |
| 16 | 토목공학자 | $45.91 | $95,490 | $89,730 | 6.42% |
| 17 | 산업공학자 | $45.77 | $95,200 | $88,530 | 7.53% |
| 18 | 농업공학자 | $41.99 | $87,350 | $77,330 | 12.96% |

출처: Forbes
(https://www.forbes.com/sites/andrewdepietro/2023/01/31/highest-paying-engineering-jobs-of-2023
/?sh=46a49d2c768e)

그리고 미국 노동통계국(U.S. Bureau of Labor Statistics)에 의하면 2024년 산업공학 전공자들의 일자리 수는 243,200개로 공과대학 내에서 토목공학과 기계공학 다음으로 3위에 랭크되어 있습니다.

**미국의 공학 전공별 일자리 수 순위**

| 순위 | 직업 | 2014~2024년 예상 고용 증감률 | 2024년 예상 고용 수치 (일자리 수) |
|---|---|---|---|
| 1 | 토목공학자 | 8.4% | 305,000 |
| 2 | 기계공학자 | 5.3% | 292,100 |
| 3 | 산업공학자 | 0.9% | 243,200 |
| 4 | 전기공학자 | 1.0% | 180,200 |
| 5 | (기타)공학자 | 4.0% | 142,300 |
| 6 | 전자공학자 | −1.4% | 135,500 |
| 7 | 컴퓨터하드웨어공학자 | 3.1% | 80,100 |
| 8 | 항공우주공학자 | −2.3% | 70,800 |
| 9 | 환경공학자 | 12.4% | 62,000 |
| 10 | 석유공학자 | 9.8% | 38,500 |
| 11 | 화학공학자 | 1.8% | 34,900 |
| 12 | 생체의료공학자 | 23.1% | 27,200 |
| 13 | 보건 및 안전공학자 | 6.2% | 26,800 |
| 14 | 재료공학자 | 1.3% | 25,600 |
| 15 | 원자력공학자 | −4.0% | 16,200 |
| 16 | 해양공학자 및 선박설계자 | 8.9% | 9,000 |
| 17 | 광산 및 지질공학자 | 6.4% | 8,800 |
| 18 | 농업공학자 | 4.4% | 3,000 |

출처: 미국 노동통계국
(https://www.bls.gov/opub/ted/2016/employment-outlook-for-engineering-occupations-to-2024.htm)

한국의 경우, 교육부 산하 한국교육개발원이 2019년에 전국 121개 학과의 취업률을 조사해서 발표한 바에 의하면 산업공학의 취업률이 71.2%로 121개 학과 중에서 14위에 랭크되어 있으며, 의·치·약·한 계열을 제외하면 10위이고, 공과대학으로 한정하면 6위에 해당합니다. 이는 2016년의 조사 결과인 전체 20위에서 6계단 상승한 결과로, 국내 산업계가 합리화되어 갈수록 산업공학 취업률이 지속적으로 향상되고 있음을 보여줍니다. 이에 따라 우리도 미국처럼 산업공학 취업률이 곧 10위 안에 진입할 것으로 추정하고 있습니다. 여학생 취업률만을 기준으로 하면 산업공학의 경우 2019년에 14위로, 2014년 기준 17위에서 3계단 상승하였습니다.

**한국의 학과별 취업률 순위**

| 순위 | 학과 | 취업률 |
|---|---|---|
| 8 | 반도체 · 세라믹공학 | 78.2% |
| 10 | 건축학 | 75.5% |
| 11 | 광학공학 | 75.4% |
| 12 | 해양공학 | 73.2% |
| 13 | 자동차공학 | 72% |
| 14 | 산업공학 | 71.2% |
| 17 | 전산학 · 컴퓨터공학 | 68.6% |
| 24 | 정보 · 통신공학 | 67.3% |
| 37 | 전자공학 | 65.3% |

출처: 한국교육개발원

# 4. 전국 4년제 대학 산업공학과 관련 학과 정보

| 학교명 | 학부 및 학과명 | 학과 홈페이지 | 학과 전화 | 주소 |
|---|---|---|---|---|
| 가천대학교 | 산업공학전공 | https://www.gachon.ac.kr/sites/ie | 031-750-5114 | 경기도 성남시 수정구 성남대로 1342 |
| 강남대학교 | 산업공학전공 | https://web.kangnam.ac.kr/html4/intro_new10_1.html | 031-280-3980 | 경기도 용인시 기흥구 강남로 40 |
| 강원대학교 | 산업공학전공 | https://ie.kangwon.ac.kr/sme/index.do | 033-250-6280 | 강원특별자치도 춘천시 강원대학길 1 |
| 건국대학교 | 산업공학과 | https://kies.konkuk.ac.kr | 02-450-3525 | 서울특별시 광진구 능동로 120 |
| 경기대학교 | 산업경영정보공학과 | https://www.kyonggi.ac.kr/u-industrial/index.do | 031-249-9759 | 경기도 수원시 영통구 광교산로 154-42 |
| 경상국립대학교 | 산업시스템공학부 | https://ise.gnu.ac.kr | 055-772-1690 | 경상남도 진주시 진주대로 501 |
| 경성대학교 | 산업경영공학과 | https://kscms.ks.ac.kr/inme/Main.do | 051-663-4720 | 부산광역시 남구 수영로 309 |
| 경희대학교 | 산업경영공학과 | http://ie.khu.ac.kr | 031-201-2552 | 경기도 용인시 기흥구 덕영대로 1732 |
| 계명대학교 | 산업공학과 | http://newcms.kmu.ac.kr/ims/index.do | 053-580-5818 | 대구광역시 달서구 달구벌대로 1095 |
| 고려대학교 | 산업경영공학부 | http://ie.korea.ac.kr | 02-3290-3381 | 서울특별시 성북구 안암로 145 |
| 국립강릉원주대학교 | 산업경영공학과 | https://ie.gwnu.ac.kr/sites/ie/index.do | 033-760-8810 | 강원특별자치도 원주시 흥업면 남원로 150 |
| 국립공주대학교 | 산업공학과 | https://ie.kongju.ac.kr/ZD1330/index.do | 041-521-9430 | 충청남도 천안시 서북구 천안대로 1223-24 |
| 국립금오공과대학교 | 산업공학과 | http://ie.kumoh.ac.kr/ie | 054-478-7650 | 경상북도 구미시 대학로 61 |

(계속)

| 학교명 | 학부 및 학과명 | 학과 홈페이지 | 학과 전화 | 주소 |
|---|---|---|---|---|
| 국립부경 대학교 | 시스템경영 · 안전공학부 | http://sme.pknu.ac.kr | 051-629-6475 | 부산광역시 남구 용소로 45 |
| 국립창원 대학교 | 산업시스템 공학과 | https://www.changwon.ac.kr/ie | 055-213-3720 | 경상남도 창원시 의창구 창원대학로 20 |
| 국립한국 교통대학교 | 산업경영 공학과 | https://www.ut.ac.kr/ime.do | 043-841-5114 | 충청북도 충주시 대소원면 대학로 50 |
| 국립한밭 대학교 | 산업경영 공학과 | https://www.hanbat.ac.kr/ime | 042-821-1224 | 대전광역시 유성구 동서대로 125 |
| 남서울 대학교 | 빅데이터경영 공학과 | http://ie.nsu.ac.kr | 041-580-2000 | 충청남도 천안시 서북구 성환읍 대학로 91 |
| 단국대학교 | 산업공학과 | http://hompy.dankook.ac.kr/ind | 041-550-3570 | 충청남도 천안시 동남구 단대로 119 |
| 대구대학교 | 융합산업 공학과 | http://ise.daegu.ac.kr | 053-850-6540 | 경상북도 경산시 진량읍 대구대로 201 |
| 대진대학교 | 산업경영 공학과 | http://ie.daejin.ac.kr | 031-539-2000 | 경기도 포천시 호국로 1007 |
| 동국대학교 | 산업시스템 공학과 | http://ise.dongguk.edu | 02-2260-8743 | 서울특별시 중구 필동로1길 30 |
| 동아대학교 | 산업경영 공학과 | http://ie.donga.ac.kr | 051-200-7686 | 부산광역시 사하구 낙동대로 550번길 37 |
| 동의대학교 | 산업경영 빅데이터공학과 | https://pite.deu.ac.kr | 051-890-1652 | 부산광역시 부산진구 엄광로 176 |
| 명지대학교 | 산업경영 공학과 | http://ie.mju.ac.kr | 1577-0020 | 경기도 용인시 처인구 명지로 116 |
| 부산대학교 | 산업공학과 | http://www.ie.pusan.ac.kr | 051-510-1435 | 부산광역시 금정구 부산대학로 63번길 2 |
| 서경대학교 | 산업경영시스템 공학과 | https://ie.skuniv.ac.kr | 02-940-7017 | 서울특별시 성북구 서경로 124 |
| 서울과학 기술대학교 | 산업정보시스템 전공 | http://iise.seoultech.ac.kr | 02-970-6465 | 서울특별시 노원구 공릉로 232 |
| 서울대학교 | 산업공학과 | http://ie.snu.ac.kr | 02-880-7172 | 서울특별시 관악구 관악로 1 |

(계속)

| 학교명 | 학부 및 학과명 | 학과 홈페이지 | 학과 전화 | 주소 |
|---|---|---|---|---|
| 선문대학교 | 산업안전경영공학과 | https://ie.sunmoon.ac.kr | 041-530-2317 | 충청남도 아산시 탕정면 선문로221번길 70 |
| 성결대학교 | 산업경영공학과 | https://www.sungkyul.ac.kr/ime/index.do | 031-467-8059 | 경기도 안양시 만안구 성결대학로 53 |
| 성균관대학교 | 시스템경영공학과/산업공학과 | https://sme.skku.edu/iesys/index.do | 031-290-7590 | 경기도 수원시 장안구 서부로 2066 |
| 수원대학교 | 산업및기계공학부 | https://www.suwon.ac.kr/index.html?menuno=1074 | 031-220-2525/2114 | 경기도 화성시 봉담읍 와우안길 17 |
| 숭실대학교 | 산업 · 정보시스템공학과 | http://iise.ssu.ac.kr | 02-820-0690 | 서울특별시 동작구 상도로 369 |
| 아주대학교 | 산업공학과 | http://ie.ajou.ac.kr | 031-219-2416 | 경기도 수원시 영통구 월드컵로 206 |
| 연세대학교 | 산업공학과 | http://ie.yonsei.ac.kr | 02-2123-4010 | 서울특별시 서대문구 연세로 50 |
| 울산과학기술원 | 산업공학과 | https://ie.unist.ac.kr | 052-217-0114 | 울산광역시 울주군 언양읍 유니스트길 50 |
| 울산대학교 | 산업경영 · 산업안전공학부 | http://ie.ulsan.ac.kr | 052-259-2171 | 울산광역시 남구 대학로 93 |
| 인제대학교 | 산업경영공학과 | http://ie.inje.ac.kr | 055-320-3632 | 경상남도 김해시 인제로 197 |
| 인천대학교 | 산업경영공학과 | http://ime.inu.ac.kr | 032-835-8926 | 인천광역시 연수구 아카데미로 119 |
| 인하대학교 | 산업경영공학과 | https://ie.inha.ac.kr/ie/index.do | 032-860-7360 | 인천광역시 미추홀구 인하로 100 |
| 전남대학교 | 산업공학과 | http://ie.jnu.ac.kr | 062-530-1780 | 광주광역시 북구 용봉로 77 |
| 전북대학교 | 산업정보시스템공학과 | http://ise.jbnu.ac.kr | 063-270-2327 | 전북특별자치도 전주시 덕진구 백제대로 567 |
| 전주대학교 | 산업공학과 | https://www.jj.ac.kr/ie | 063-220-2374 | 전북특별자치도 전주시 완산구 천잠로 303 |

(계속)

| 학교명 | 학부 및 학과명 | 학과 홈페이지 | 학과 전화 | 주소 |
|---|---|---|---|---|
| 조선대학교 | 산업공학과 | http://www.chosun.ac.kr/ie | 062-230-7128 | 광주광역시 동구 조선대길 146 |
| 청주대학교 | 산업공학과 | https://www.cju.ac.kr/indestrial/index.do | 043-229-8516 | 충청북도 청주시 청원구 대성로 298 |
| 포항공과대학교 | 산업경영공학과 | http://ime.postech.ac.kr | 054-279-2717 | 경상북도 포항시 남구 청암로 77 |
| 한국과학기술원 | 산업및시스템공학과 | https://ie.kaist.ac.kr | 042-350-3102 | 대전광역시 유성구 대학로 291 |
| 한국외국어대학교 | 산업경영공학과 | http://ime.hufs.ac.kr | 031-330-4093 | 경기도 용인시 처인구 모현읍 외대로 81 |
| 한남대학교 | 산업경영공학과 | http://ime.hannam.ac.kr | 042-629-7989 | 대전광역시 대덕구 한남로 70 |
| 한성대학교 | 산업경영공학과 | https://www.hansung.ac.kr/college-old/2170/subview.do | 02-760-4127 | 서울특별시 성북구 삼선교로16길 116 |
| 한양대학교 | 산업공학과 | http://ie.hanyang.ac.kr | 02-2220-3117 | 서울특별시 성동구 왕십리로 222 |
| 한양대학교 (ERICA 캠퍼스) | 산업경영공학과 | http://ime.hanyang.ac.kr | 031-400-5120 | 경기도 안산시 상록구 한양대학로 55 |
| 홍익대학교 | 산업 · 데이터공학과 | http://ie.hongik.ac.kr | 02-320-1132 | 서울특별시 마포구 와우산로 94 |